VOJTĚCH KULDA st. – VOJTĚCH KULDA ml.

ZKOUŠENÍ ELEKTRICKÝCH STROJŮ

I

SNTL

Ing. VOJTĚCH KULDA st.
Ing. VOJTĚCH KULDA ml.

ZKOUŠENÍ ELEKTRICKÝCH STROJŮ I

PRAHA 1956
STÁTNÍ NAKLADATELSTVÍ
TECHNICKÉ LITERATURY

Příručka podává krátký přehled method zkoušení elektrických strojů, prováděných v tovární zkušebně a při montáži.

Je určena montérům ve zkušebnách elektrotechnických továren a pomůže i opravářům a údržbářům elektrických zařízení, jakož i posluchačům odborných škol jako doplněk k jejich cvičením.

Redaktor Ing. Dr Jiří Sequens

Redakce elektrotechnické literatury — hlavní redaktor Ing. Dr František Kašpar

PŘEDMLUVA

V naší vlasti musíme vyrábět a dodávat našemu domácímu trhu i pro vývoz elektrotechnická zařízení nejlepší jakosti.

K tomu — kromě jiného — potřebujeme i zdatné odborné kádry, zkušební techniky a montéry. Je jich potřebí neustále větší a větší počet a tato příručka má proto sloužit i jako pomůcka při praktických cvičeních v laboratořích odborných škol. Dále má umožnit v Závodní škole práce školení zaměstnanců a zlepšování jejich kvalifikace tak, jak to vzrůstající elektrisace vyžaduje. Pro inženýrské kádry se připravuje obsáhlejší dílo o měření a výzkumu elektrických strojů.

Příručka předpokládá základní všeobecné znalosti elektrotechniky. Dbá dnešního stavu zkušební techniky v tovární praxi, pokud to omezený rozsah díla dovoluje. Čtenářům se doporučují odborné časopisy Elektrotechnik a Elektrotechnický obzor, které přinášejí i články z oboru zkoušení a měřicí techniky a informují o stavu soudobé elektrotechniky.

Autoři žádají čtenáře o sdělení jakýchkoli připomínek k této příručce, hlavně o jejím rozsahu, nedostatcích a pod. Budou za takto projevenou spolupráci vděčni.

Knížka vyjde ve dvou dílech:

I. díl: Všeobecná část o zkoušení elektrických strojů vůbec. Stejnosměrné stroje.

II. díl: Synchronní stroje, transformátory a tlumivky, asynchronní stroje, komutátorové stroje.

V Plzni v prosinci 1955

Autoři

OBSAH

B. STEJNOSMĚRNÉ STROJE

A. VŠEOBECNÁ ČÁST

1. ÚVOD

Zkoušení elektrických strojů tvoří samostatný obor elektrotechniky, který v sobě zahrnuje řadu jednotlivých zkoušek, využívajících různých způsobů měření elektrických i mechanických veličin. Způsob měření a program zkoušek je pro každý druh elektrických strojů v základních rysech normalisován. Četné zkoušky jsou společné všem druhům strojů a jsou proto probrány ve všeobecné části A. Aby mohly zkušebny elektrotechnických průmyslových závodů zvládnout kontrolu jakosti, musí být vybaveny nejen vhodným zařízením a měřicími přístroji, nýbrž i dobře vyškolenými zaměstnanci, a to jak techniky, tak i spolehlivými a zručnými dělníky — montéry.

Od technických zaměstnanců zkušeben se vyžadují značné theoretické znalosti (z theorie elektrických strojů, technologie, konstrukce a pod.) a náležitá provozní praxe (v montáži, zapojování měřicích přístrojů, provádění oprav a pod.). Při dnešním velkém rozvoji elektrotechniky se totiž často elektrické stroje zkoušejí a měří nejen na zkušebnách, ale i přímo na místě určení při předávacích a záručních zkouškách, někdy též při hledání příčin provozních nedostatků a poruch u zákazníka. V těchto případech jsou zaměstnanci zkušeben často postaveni před těžké úkoly, neboť nemají vždy po ruce dostatek vhodných měřicích přístrojů a pomůcek, a musí se samostatně a rychle rozhodnout pro ten či onen způsob zkoušení nebo k zákroku a někdy musí sami nalézt způsob, jak na závadu přijít.

Před podobné úkoly jsou velmi často postaveni na montážích i montéři zkušeben, proto se i od nich požadují potřebné theoretické a praktické znalosti. Úkolem této knížky je seznámit montéry a dělníky elektrotechnických zkušeben, údržbáře a opraváře z provozu přístupným způsobem se všemi praktickými zkouškami prováděnými na běžných druzích elektrických strojů. Mohou si tak doplnit a ověřit svoje praktické znalosti, po případě získat podklady pro další technický růst. Studující elektrotechnických průmyslových škol najdou zde dostatek materiálu, aby se seznámili ještě před vstupem do praxe se zkoušením elektrických strojů v průmyslu a doplnili si tak svoje praktické i theoretické znalosti získané ve školních laboratořích.

Jen dobrou znalostí všech způsobů zkoušení elektrických strojů a zařízení zkušeben mohou příslušní pracovníci přispět k zlepšení jakosti vyráběných strojů a k hospodárnosti při výrobě a pomoci tak zvládnout úkoly uložené našim elektrotechnickým závodům.

2. ÚČEL ZKOUŠEK

Na elektrických strojích se provádějí během výroby, po dohotovení a při uvádění do chodu na zkušebně nebo i v provozu četné zkoušky, jejichž účelem je:

a) Kontrola požadavků kladených na zkoušený stroj, sestavených na základě dlouholetých zkušeností. Jsou shrnuty do podnikových nebo státních norem a předpisů, do technických podmínek nebo pojaty do znění objednávky. Tyto požadavky mají zajistit jakost výrobku se zřetelem na technické a provozní podmínky, a to po stránce

bezpečnostní: na př. zkouška isolace zvýšeným napětím nebo elektrickým rázem, zkouška mechanické pevnosti zvýšenými otáčkami, zkouška oteplení při jmenovitém výkonu, měření chvění nebo kritických otáček a pod.;

hospodárnosti: kontrola zaručených (garantovaných) hodnot účinnosti, účiníku a pod.;

charakteristických vlastností: zjištění charakteristických křivek (charakteristika naprázdno, nakrátko, momentová, oteplovací křivky a pod.).

b) Získání podkladů pro výpočet, konstrukci a zdokonalení dosavadních i nových typů strojů, pro zlevnění výroby a zlepšení jakosti, po případě pro další vývoj a výzkum.

Výsledky měření se zaznamenávají do protokolu (viz obr. 1), v kterém je nutno uvést druh a veškerá data zkoušeného stroje, jméno výrobce, datum měření a kdo měření provedl, naměřené a vypočtené hodnoty a charakteristické křivky. Takto sestavený protokol umožňuje kontrolu, nebo i opakování měření a správné zpracování výsledků v kancelářích zkušebny. V případě mimořádných zkoušek (vývojových či výzkumných, nebo vymykajících se běžnému programu) se vypracovává obšírnější protokol, v kterém se uvede i popis užité měřicí methody, soupis použitých měřicích přístrojů a závěr získaný z výsledků měření.

3. VŠEOBECNĚ O ZKOUŠENÍ ELEKTRICKÝCH STROJŮ A O ZKUŠEBNÁCH

Pro zkoušení elektrických strojů jsou rozhodující Normy a předpisy ÚN (Úřad pro normalisaci) dříve ESČ. Z Předpisů ESČ 1950 jsou pro zkoušení důležité tyto statě:

Zkušební zápis asynchronního motoru.

	Mot 3 ~		
	č. 558941		
	IDD	71/8	Fg
10 kW	13,6 k	∞ min	
⅄ 380 V	21,3 A	50 Hz	700 ot/min
Δ 220 V	36,3 A	M > 1,6	
Rot 126 V	53 A	ČSN 350000	

Pro 20 °C: $\frac{\text{měřeno}}{\text{počítáno}}$: R_{1f} $\frac{0,46}{0,42}\Omega$; R_{2f} $\frac{0,076}{0,070}\Omega$

Z. č. 362 - 9000 - 4834 z r. 1955

Heslo: Cukrovar X.Y.

Výpočtový údaj č.: 21		
N_{dr}	48	
y	10/12	
N_v	130	
2a	2	
δ	0,4	

Kartáče na 1 kroužku	
počet:	rozměr:
6	12 x 25
jakost:	tlak g/cm²
M 12	400

Kroužky		
počet	rozměr	materiál
3	⌀150,10	Cu

		Oteplování		Brzdění		Krub	Gar.
	U_1	380		380		380	
	I_1	21,5		21		20	
	I_2						
	R_1	0,52		0,54		0,54	
	R_2						
Ztráty ΔP	Fe	55		55			
	Mech	260		260			
	Cu1	765		720			
	Cu2	810		755			
	Přech	-		-			
	Dod	65		56			
	Σ	1955		1846		1500	
	P_p	12600		11846		11500	
	P	10645		10000		10000	
	η %	84,8		84,5		87,0	
	$\cos\varphi_1$	0,84		0,845		0,875	
	s %	7		7		6,5	
	n	697,5		697,5		701	
	M_z					1,68x	
	M_m					2,50x	
	M_{min}					-	
Oteplení Δϑ °C	Cu1	50					
	Cu2	40					
	Fe	38					
	Vzduch	17					
	Kroužky	-					
	ϑ okolí	18					

Naprázdno				
	Běh		Klid	
U_{1o}	380		380	
I_{1o}	8,1			
$\cos\varphi_{1o}$	0,077			
R_1	0,49			
Cu1	94			
Mech	55			
Fe	260			
Σ	409			
U_{20}	-		128	

Nakrátko				
	i	e		Gar
U_k	380	380		
I_k	82	93		
I_k/I_n	3,35	4,35		
ΔP_k		31800		
M_z				
$\cos\varphi_k$	0,38	0,52		
R_1	0,45	0,54		

Hluk - fónů				
U_1	130%	100%	50%	0%
Naprázd.		50		
Klid		55		
Zatíž.		60		

Dne	Zkoušel	Zpracoval	Viděl
30.10.55	X	Y	Z

Obr. *1*. Zkušební

Druh ložisek	Zadní – břemenové u spojky: 1309. Přední u kroužků; 1208		
Způsob mazání	Tukem podle normy ČSN 656915		
Oteplení ložisek		Chvění ložisek	
Přední	Zadní	Přední	Zadní
$\Delta\vartheta$ = 16 °C	$\Delta\vartheta$ = 20 °C	10 μ	12 μ

Isolační odpor		
	Studený	Teplý
Stator	30 MΩ	5 MΩ
Rotor	35 MΩ	6 MΩ

Isolační pevnost proti železu		
Stator	1760 V 1 minutu	
Rotor	1500 V 1 minutu	
Zvýšené otáčky	900 ot/min po dobu 5 minut	
Mezizávitová zkouška	130 % U_1 = 495 V při 55 Hz	
GD^2 vlastní:	GD^2 cizí reduk. :	$\sum GD^2$ =
Doba rozběhu:	3 vteřiny	$\sum GD^2$ =
Doba doběhu:	3 vteřiny	$\sum GD^2$ =
Počet spouštění:	120 krát za hodinu	
Počet reversací:	120 krát za hodinu	

Rozptyl			
τ_1 =	τ_2 =	τ =	σ =

Poznámka: Zaručené hodnoty dodrženy, motor vyhovuje normám ČSN •

Oteplení vyhovuje

Rozměrově vyhovuje

Provedení podle výkresu

Ventilace: Naměřeno množství vzduchu 80 litrů za vteřinu anemometrem

Příslušenství: Spouštěč,........

Náhradní součásti: Kartáče, držáky kartáčů, mazací tuk

Přílohy:

1 Charakteristika naprázdno
2 Charakteristika nakrátko
3 Brzdění
4 Oteplování
5 Kruhový diagram

} diagramy

protokol

V. Elektrické stroje.

XIV. Elektrické zařízení v dolech a v místech s hořlavými látkami nebezpečnými výbuchem.

XV. Elektrická doprava.

Při zkoušení se podle Předpisů ESČ 1950 zjišťuje ve zkušebnách obvykle:

a) velikost odporů vinutí,

b) charakteristika naprázdno a nakrátko,

c) stálost napětí (§ 5360) nebo otáček (§ 5370),

d) zkouška napětím z cizího zdroje (§ 5300 až 5316) a isolační stav,

e) mechanická pevnost (§ 5325),

f) přetížitelnost (§ 5319 až 5324),

g) chód stroje (§ 5326),

h) účinnost (§ 5350 až 5352),

i) křivka napětí a souměrnost trojfázové soustavy (§ 5180, 5190, odst. 29),

j) oteplení (§ 5200 až 5240),

k) komutace (§ 5340),

l) mechanické provedení stroje.

K provedení těchto měření a zkoušek potřebuje zkušebna různé měřicí přístroje a zdroje stejnosměrného i střídavého napětí a proudu. Tyto zdroje jsou připojeny k hlavnímu rozvaděči, do kterého jsou též zapojena všechna pracoviště s měřicími stoly (obr. 2). Zkušební technik a jeho pomocníci mohou tak přímo od měřicího stolu ovládat zdroj, z kterého se přivádí potřebný druh energie. Zároveň mohou pozorovat měřicí přístroje i zkoušený stroj.

Jako zdrojů stejnosměrného proudu se používá motorgenerátorů a nízkonapěťových t. zv. galvanisačních dy-

Obr. 2. Měřicí stůl zkušebny

nam, zřídka akumulátorů, které vyžadují velké pořizovací a udržovací náklady. Akumulátorů se užívá většinou pouze k dálkovému ovládání stykačů a hlavně k měření odporů vinutí Ohmovou methodou.

Jako zdroj střídavého proudu slouží na zkušebnách synchronní generátor, poháněný asynchronním nebo stejnosměrným motorem (u menších jednotek lze použít i komutátorového regulačního motoru) potřebujeme-li regulovat kmitočet, na př. od 25 do 100 Hz (hertz, čti herc), nebo udržovat během měření přesně určený kmitočet, na př. 50 Hz. Další výhodou alternátorů je jednak možnost regulace napětí od nuly, jednak při vhodné konstrukci tlumičů pólových nástavců rotoru a vinutí statoru možnost dodržet přesně sinusový tvar napětí i při nesouměrném jednofázovém zatížení. Jde-li o malé výkony asi do 30 kVA, lze použít regulačních nebo odbočkových transformátorů nebo indukčních regulátorů. V některých případech je možno napájet zkoušené stroje přímo napětím ze střídavé sítě, na př. při zatěžování asynchronních a komutátorových motorů.

K zatěžování zkoušených strojů slouží jednak mechanické a elektrické brzdy (elektrické dynamometry), jednak pomocné stroje a motorgenerátory, zatěžovací odpory (drátové, litinové nebo vodní) s dálkovým ovládáním z měřicího stolu.

K regulaci napětí pomocných a budicích obvodů se používá drátových regulačních odporů, jednoduchých nebo dvojitě vinutých na porcelánovém válci (výrobek n. p. Metra, Blansko) a někdy též malých autotransformátorů (výrobek n. p. Křižík, Karlín). Ke zkoušení elektrických strojů vysokým napětím máme jednofázové zkušební transformátory vysokého napětí s regulací napětí na straně nízkého napětí regulačním autotransformátorem. Při zkoušení rázovými napěťovými vlnami pracujeme s rázovým generátorem a elektronkovým oscilografem, vhodným k zapisování velmi rychlých jevů.

K dalšímu vybavení zkušebny patří podle potřeby zkušební a odstřeďovací jámy na odstřeďování rotorů, vibrografy na měření chvění, měřiče hluku, komora na zkoušení strojů určených do vlhka — po případě do tropů, komora na zkoušení nevýbušných zařízení, oscilografy, registrační přístroje, různé elektrické měřicí přístroje vysokého i nízkého napětí, proudu, kmitočtu, účiníku a pod.

Při uskladnění těchto pomocných měřicích přístrojů je nutno pamatovat na dostatek místa právě tak, jako na jejich pravidelnou kontrolu, odbornou opravu a přecejchování. Jedině tak lze zaručit potřebnou přesnost naměřených hodnot a odstranit zbytečné prodlužování a opakování zkoušek.

Obr. 3. Mezioperační kontrola navijárny středních strojů

Aby výroba i zkoušení strojů byly pokud možno plynulé, umisťují se zkušebny obvykle těsně vedle montážního oddělení; u velkých strojů tvoří s ním často jeden celek spolu s odkládací plochou hotových výrobků. Mezioperačně se vinutí kontroluje obvykle přímo v cívkárně a v navijárně, po případě po impregnování před montáží (obr. 3).

Řádně vybavené a dobře vedené zkušebny elektrotechnických závodů zajistí našemu hospodářství možnost dodávky jakostních výrobků, technický rozvoj a zvýšení úrovně závodů, jakož i dodržování technologické kázně ve výrobě a konstrukci.

4. BEZPEČNOST VE ZKUŠEBNÁCH

Aby mohla zkušebna plnit správně všechny úkoly, je nutno, aby byla přísně dodržována bezpečnostní opatření. Pro zkušebny a laboratoře platí v Předpisech ESČ 1950 zvláštní ustanovení v § 10735 a 10740 kromě zvláštních předpisů v hlavě H pro zařízení s odbornou obsluhou a pro zařízení provisorní (§ 10705 až 10726), kterým se povolují určité úlevy.

a) S t á l é z k u š e b n y a l a b o r a t o ř e musí být pevně obestavěny a opatřeny výstražnými tabulkami (viz též § 12240).

b) P ř e c h o d n á (p r o v i s o r n í) p r a c o v i š t ě a měřicí vozy se musí nápadně ohradit, na př. červeně natřenými závorami, provazy a pod.

c) P r a c o v i š t ě ve stálých zkušebnách, laboratořích a podobně, na kterých se pracuje pod napětím, musí být ohrazena od okolí, i když se na nich dělají přípravné a montážní práce.

d) Jsou-li na zkušebně, v laboratoři a pod. ž i v é č á s t i přístrojů, pomocných vedení a pod., nechráněné před nahodilým dotykem, musí být chodby dostatečně široké a prostor pro obsluhu dostatečně velký.

e) P e v n ě p o s t a v e n é e l e k t r i c k é s t r o j e, přístroje, vedení, rozvaděče i měřicí stoly, jakož i pohyblivé elektrické přístroje musí vyhovovat obecným předpisům §§ 10.000 až 10.666.

f) Jestliže se dělají pokusy nebo zkoušky v provozu p o d o d b o r n ý m v e d e n í m, nemusí zařízení vyhovovat obecným předpisům, t. j. §§ 10.000 až 10.666.

g) Je-li na zkušebně či v laboratoři n e b e z p e č n é p r o s t ř e d í (vlhko, prach, možnost výbuchu či ohně), nutno dbát příslušných ustanovení Předpisů ESČ o zvýšeném nebezpečí.

h) P o m o c n á z k u š e b n í z a ř í z e n í v provozu se musí označit výstražnými tabulkami a opatřit ohrazením, zákryty a pod., zamezujícími přístup nepovolaným osobám. V případě potřeby se musí dát uzamknout. Přitom je ovšem třeba přihlížet k místním poměrům. I zde nutno dbát na zvýšené nebezpečí prostředí.

Podle části XII. Předpisů ESČ Všeobecné předpisy pracovní, § 12240, musí být zakázán přístup do ohrazených zkušeben a zkušebních prostorů nepovolaným osobám, a to výstražnými tabulkami. V takových prostorách je potom dovolena větší volnost v zacházení s částmi pod napětím a neplatí pro ně ustanovení § 12001 a další. Smějí zde však pracovat pouze osoby poučené o práci na zkušebně, t. j. znalé nebezpečí a plně vědomé odpovědnosti (§ 12043).

Tolik říkají Předpisy ESČ 1950.

Podle zkušeností z praxe je nejlepší ochranou neustálé poučování a vzdělávání všech zaměstnanců ve zkušebně a ostatních zaměstnanců přicházejících do styku se zařízením zkušebny, t. j. z montážního oddělení, lakovny, výpravny, kontroly a pod. Každý si musí být stále vědom velkého nebezpečí a možnosti úrazu elektřinou. Spoléhání na bezpečnostní opatření otupuje bdělost a opatrnost. Neexistuje žádná naprosto dokonalá a spolehlivá soustava jištění a blokování spinačů ve spojení se spinači dveří kobek či vlastního zkušebního prostoru, kde se neobejdeme bez improvisací a provisorií. Jedině spolehlivá je předchozí akustická signalisace daná vedoucím zkoušek jako výstraha před okamžikem zapnutí a potom ručně zapnutá signalisace optická přerušovaným barevným světlem, jako signalisace trvalého nebezpečí, t. j., že zařízení je pod napětím. Obojího si povšimnou lidé jak obsluhy neznalí, tak i lidé již poněkud otupělí trvalým stykem s nebezpečím (jeřábníci, vazači, montážníci a pod.).

Pro signalisaci na rozvaděči se doporučuje:

zelená — vypnuto,

červená — zapnuto,
žlutá — připraveno k zapnutí.

Z týchž důvodů se nedoporučuje ve zkušebnách práce na zařízení pod napětím ani v gumových rukavicích, neboť udržet rukavice v dobrém isolačním stavu je obtížné — zejména používá-li se jich zřídka.

Pro zkušebny se dále doporučují tato bezpečnostní opatření:

Zaměstnanci zkušeben musí nosit přiléhavý šat (montérky), aby nedošlo k úrazu zachycením šatů. Ženy musí mít síťky na vlasech.

Při zkoušení točivých strojů s volnými rotujícími částmi (hřídel, přístroje na hřídeli, spojka a pod.) nutno učinit taková opatření, aby nedošlo k úrazu při obsluze a procházení mezi stroji.

Doporučuje se do hlavního přívodu elektrické energie na zkušebnu instalovat hlavní vypinač s dálkovým ovládáním, aby bylo možno při poruše vypnout přívod proudu pro celou zkušebnu.

Při práci ve zkušebně musí být pamatováno na možnost selhání zkoušející osoby (úraz, mdloba, nevolnost), a proto musí být při zkoušení vždy nejméně dva poučení zaměstnanci, znalí obsluhy, nebo musí být použito jiného bezpečnostního zařízení.

Není dovoleno provádět mechanické zkoušky zvýšenými otáčkami na volných pracovištích bez zajištění proti úrazu a demolování ostatního zařízení roztržením zkoušeného stroje, nebo jeho částí. Při vlastní zkoušce musí všechny osoby opustit zkušební stanoviště a odejít do krytého ovládacího prostoru (obr. 4).

Ve zkušebně musí být dostatečný počet vhodně rozmístěných hasicích přístrojů pro hašení elektrických částí pod napětím.

Doporučuje se uložit ve zkušebně nehořlavou hasicí

pokrývku (asbestovou) pro případ vznícení šatu obsluhujícího tam, kde se takové nebezpečí může vyskytnout — práce u transformátorů s olejem a pod.

Obr. 4. Jáma pro zkoušení turborotorů zvýšenými otáčkami

Podle posledních lékařských zkušeností se nedoporučuje laické ošetření popálenin, na př. použitím oleje. Se zřetelem na možnost infekce lze v krajním případě nutnosti přiložit na popáleninu přežehlený čistý plátěný šátek. První pomoc při úrazech elektřinou je popsána v normě ČSN 34 500. Každý zaměstnanec zkušebny má prodělat kurs první pomoci.

Ve zkušebně se doporučuje umístit telefon s vyznačeným telefonním číslem první pomoci pro případ úrazu a s číslem požárníků, aby bylo zajištěno rychlé telefonní spojení.

Při změně stavu rozvodu a vedení ve zkušebně je třeba vyznačit veškeré změny vyvěšením červených výstražných štítků se jménem odpovědné osoby (technika, dílovedoucího, rozvodného), která jedině může změnit stav rozvodu.

Spouštění strojů ve vlastní strojovně zkušebny se musí dít za přítomnosti dílovedoucího zkušebny nebo zvlášť školeným personálem.

Na stanovišti před rozvaděčem, kde se pracuje s vysokým napětím, musí být gumový koberec s dobrými isolačními vlastnostmi.

Montážní upínací deska, na které se zkoušejí elektrické stroje, musí být dobře uzemněna a spojena se železnou konstrukcí budovy.

Zkouší-li se stroje na neuzemněném podkladu nebo zavěšené na laně, což je velmi nebezpečné, musí se spolehlivě uzemnit.

Vodní a spouštěcí odpory musí být rovněž dobře uzemněny.

Při práci v nočních směnách musí být prostor zkušebny a jednotlivých pracovišť řádně osvětlen a zajištěn odborný dozor.

Montážní práce na strojích připravovaných ke zkoušení musí být prováděny poučenými osobami, obeznámenými s pracemi a upozorněnými na nebezpečí ve zkušebně.

Práce při níž vzniká vodivý prach nebo piliny (soustružení komutátorů, kroužků a pod.), které víří a mohou se dostat do strojů, nesmějí se provádět ve zkušebně.

Průchod cizích osob ohraženým prostorem zkušebny nebo provisorním stanovištěm je zakázán. Cizí osoby se smějí v prostoru zkušebny pohybovat jen v doprovodu zaměstnanců zkušebny. Volný přístup je dovolen pouze osobám zaměstnaným ve zkušebně.

Zasahuje-li magnetické či jiné pole při zkoušení do prostoru i mimo zkušebnu, musí být tyto oblasti zřetelně označeny a učiněna taková opatření, aby do ohrožených prostorů nebylo možno vstoupit nepovolaným osobám.

Při zkoušení velmi vysokým napětím (od 60 kV výše) musí být všechny kovové předměty, jež jsou v elektrickém poli, uzemněny. Vodiče elektrického rozvodu musí být náležitě stíněny.

Vlastní uzemnění zkušebny vysokého napětí musí být v celé půdorysné ploše připojeno k soustavě zemních elektrod, která v každé roční době zaručuje dokonalý zemní svod (nejvýš 1 ohm).

Při práci ve velkých výškách nebo na pokraji velkých (olejových) nádrží je nutno použít ochranných pásů.

Za bezpečnost ve zkušebně odpovídá její vedoucí, dílovedoucí a všichni její zaměstnanci. Všichni musí být prokazatelně poučeni o nebezpečí a vycvičeni v poskytování první pomoci a v provádění umělého dýchání.

5. NORMY A PŘEDPISY

Každý elektrický stroj, má-li správně plnit svou funkci, musí odpovídat řadě elektrických, magnetických, tepelných, mechanických a bezpečnostních podmínek. Musí je znát zkušební technik nebo montér či kontrolor funkční kontroly, který na hotovém stroji ověřuje jejich splnění. Na základě dlouholetých zkušeností byly shrnuty známé a obvyklé požadavky na bezpečnost, hospodárnost a jakost do předpisů a norem. Jinak by musely být dojednávány vždy při uzavírání objednávky. Při mimořádných pracovních poměrech je možno sjednat ovšem přísnější podmínky.

Socialistická výstavba našeho státu se opírá o širokou normalisaci nejen s hlediska bezpečnosti, ale i s hlediska hospodárnosti, neboť tím se značně zrychluje výroba, opravy a výměna poškozených částí, po případě i celků.

Mezinárodní předpisy IEC jsou zvlášť důležité pro mezinárodní obchod. Většina států upravuje podle nich své vlastní předpisy, aby měla jednotné výrobky i pro světový trh, pokud to ovšem není v rozporu s hospodárností.

Přehled platných československých elektrotechnických norem je uveřejňován v časopise Elektrotechnický obzor a každá vyšlá norma, doplňky, opravy a změny jsou uveřejňovány v časopise Normalisace.

Roku 1956/7 budou nahrazeny Předpisy ESČ 1950 stať V novými normami pro:

Elektrické stroje točivé — základní norma.
Základní zkoušky elektrických strojů točivých.
Isolační odpory elektrických strojů točivých.
Zkoušky elektrické pevnosti vinutí elektrických strojů točivých.
Elektromagnetické stroje netočivé — základní norma pro transformátory, tlumivky, reaktory, indukční regulátory a břemenové magnety.

6. DRUHY PRŮMYSLOVÝCH ZKOUŠEK ELEKTRICKÝCH STROJŮ

V tovární praxi se konají obvykle tyto druhy zkoušek: mezioperační, kontrolní, typové, dlouhodobé na opotřebení, přejímací, zvláštní a funkční zkoušky celků.

Zkoušky mezioperační během výroby kontrolují technologické postupy při výrobě, aby byly včas objeveny zmetky, různé výrobní závady a nedostatky. Zabrání se tak dalšímu zpracování zmetků a provedou se včas nutná opatření k jejich odstranění.

Patří sem isolační zkoušky zvýšeným zkušebním napětím během jednotlivých výrobních operací, kontrola magnetického obvodu (magnetisace jádra), měření odporů, rozptylů, kontrola zapojení vinutí a pod.

Kontrolní zkoušky se dělají na nových i opravovaných strojích. Často se u kontrolních zkoušek rozlišuje zkouška:

kusová — dělá se na každém vyrobeném stroji,

výběrová — provádí se na některých kusech vybraných namátkou ze serie.

U nových strojů vyráběných seriově se ověřuje kontrolní zkouškou se zkráceným zkušebním postupem shodnost zkoušené jednotky s prototypem, zda stroj vyhovuje základním požadavkům normy a předpisů, zda je seriová výroba plynulá a vyrobená serie má stejnoměrnou jakost.

Při kontrolních zkouškách se obvykle konají tato měření:

měření odporů, kontrola zapojení vinutí, kontrola vzduchové mezery, magnetického obvodu a pod.;

zkouška isolace vinutí zvýšeným napětím a měření isolačního odporu;

měření naprázdno a nakrátko;

kontrola mechanické pevnosti zvýšenými otáčkami a kontrola chodu stroje.

Pravidelně se při kontrolních měřeních neproměřují celé charakteristiky, stačí určit několik bodů v pracovní

Obr. 5. Zkušebna středně velkých strojů

oblasti stroje k porovnání se základním měřením při typové zkoušce.

Typové zkoušky se dělají u každého prototypu nebo u prvého kusu větší nebo nové serie osvědčeného nebo pozměněného prototypu (obr. 5).

Účelem typových zkoušek je zjistit jak správnost funkce a všech požadavků (bezpečnostních, provozních, hospodárnosti, snadné obsluhy, montáže a demontáže, provádění revise a pod.), kladených na nový výrobek technickými podmínkami, normami a předpisy, tak i získat podklady pro technické kanceláře výrobce nebo projektanta složitých zařízení.

Program typových zkoušek je sestaven technickou kanceláří. Patří k nim obvykle podle druhu stroje tyto zkoušky (kromě normálních kontrolních zkoušek):

určení účinnosti a měření jednotlivých ztrát;

měření záběrného momentu a momentové přetížitelnosti;

měření charakteristik nakrátko, naprázdno, při zatížení;

kontrola a nastavení komutace;

kontrola chodu, hluku, ložiskových proudů a pod.;

oteplovací a ventilační zkouška;

zkouška nevýbušnosti bezpečnostních závěrů elektrických strojů.

D l o u h o d o b é z k o u š k y na opotřebení ověřují vlastnosti stroje při trvalém provozu.

P ř e j í m a c í z k o u š k y se provádějí za přítomnosti zástupce zákazníka, aby se zjistilo, zda stroj vyhovuje všem předepsaným podmínkám a požadavkům stanoveným normami a předpisy, či dohodou se zákazníkem (objednatelem).

Z v l á š t n í v ý z k u m n é n e b o v ý v o j o v é z k o u š k y mají za úkol zjistit nebo ověřit nové vztahy mezi jednotlivými charakteristickými vlastnostmi stroje, potřebné pro další vývoj nebo výzkum, po případě pro ověření různých theoretických vlastností.

Z k o u š k y f u n k c e c e l k ů se dělají u složitých elektrických zařízení, jako jsou na př. těžná soustrojí, pohony válcovacích stolic, Leonardovy skupiny počítaje v to motory jimi regulované a pod. Po důkladném vyzkoušení strojů smontuje se ve zkušebně celé elektrické zařízení i se všemi stroji, přístroji a ovládacím zařízením pokud možno tak, jak bude v provozu skutečně pracovat. Eventuální mechanické zatížení se nahradí elektrickým (generátory) nebo vhodně uspořádanými setrvačníky. Účelem zkoušení funkce celků je ověřit správnost souhry celého zařízení, zapojení a spolupráci s po-

Obr. *6*. Zkoušky pohonu navijedel pro válcovny ve zkušebně elektrotechnického závodu (celkem 15 strojů a přístrojů)

háněnou mechanickou částí. Zkontroluje se tak souhra všech řídicích, kontrolních, spínacích, signalisačních, ochranných a měřicích obvodů (obr. 6).

7. PRACOVNÍ POSTUP PŘI ZKOUŠENÍ ELEKTRICKÝCH STROJŮ

Jde-li o zkoušky mimo rámec obvyklých seriových prací, je třeba, aby před započetím zkoušení kancelář technické kontroly sestavila pro zkušebnu program, v němž uvede jmenovité hodnoty, vlastnosti provedení a předpisy či podmínky platné pro zkoušené stroje a jejich příslušenství. Podle toho sestaví technik pro jednotlivé zkoušky celkové schema zapojení, určí druhy měřicích přístrojů a napájecích zdrojů a domluví s dílovedoucím a montéry zkušebny postup příprav.

Projedná s nimi volbu zkušebního zařízení a měřicích přístrojů, celkové uspořádání zkoušky se zřetelem na montážní práce, vybavení zkušebny, napájecí zdroje, zatěžovací stroje i odpory, a to podle předem vypracovaného schematu zapojení.

Mnoho času zabírá obvykle příprava zkoušek a ještě více vlastní zpracování výsledků měření.

Pečlivě připravený zkušební program a dobrá souhra techniků s montéry je předpokladem plynulé práce ve zkušebně a správného provedení všech předepsaných zkoušek. Správná a odpovědná práce montérů zkušebny velmi ulehčí práci technikům.

8. BĚŽNÉ SERIOVÉ ZKOUŠKY

Zde bývá měřicí zařízení pevně zabudováno a provedeno tak, aby zkoušku mohla v době co nejkratší provádět i zapracovaná nevyučená obsluha, na př. ženy. Technik nebo kontrolor dozírají na správný průběh celé práce a na hodnocení výsledků měření. Často lze zhotovit na př. měřicí stoly i pro kusové zkoušky, opakují-li se častěji.

9. ZKOUŠKY OPRAVENÝCH STROJŮ

Zkoušky opravených strojů určujeme podle rozsahu provedené opravy.

a) Po opravách ložisek, ventilátoru, sběracího ústrojí, vnitřních spojů mezi cívkami, po přetočení komutátoru, obnově bandáží rotoru, překlínování vinutí v drážkách, vyčištění vnitřku stroje a obnově povrchového nátěru vinutí přestříkáním lakem změří se isolační odpory, stroj se přezkouší v běhu naprázdno a vyzkouší sníženým napětím (70 % zkušebního napětí nového stroje).

b) Po opravě některé části vinutí se přezkouší stroj kusovými zkouškami — viz na př. kap. B, odst. 46. Plným zkušebním napětím se zkouší pouze nová část vinutí, je-li to možné, jinak jen 70 % zkušebního napětí.

c) Stroje přestavěné na jinou výkonnost nebo na jiné napětí nutno zkoušet jako nové, nebo provést typovou zkoušku.

10. ORGANISACE TECHNICKÉ KONTROLY

V usnesení předsednictva ÚV KSČ a vlády ČSR ze 27. 4. 1953 byla vyhlášena řada opatření k upevnění technologické kázně, snížení počtu zmetků ve výrobě a zvýšení kvality výrobků.

Mimo jiné byl v tomto usnesení položen pevný rámec — statut — organisace technické kontroly a určeny úkoly jejich orgánů:

a) kontrolovat jakost a úplnost výrobků, zda odpovídají předpisům, normám a technickým podmínkám,

b) zavčas zjišťovat zmetky ve výrobě, odhalovat příčiny jejich vzniku a provádět opatření k jejich zamezení,

c) zúčastnit se vypracování návrhů na zlepšení jakosti výrobků.

Podle těchto úkolů provádí technická kontrola elektrotechnických závodů:

a) vstupní kontrolu výrobních hmot, polotovarů a poddodávek,

b) mezioperační kontrolu mechanických i elektrických částí během výroby,

c) výstupní (funkční) kontrolu hotového výrobku ve zkušebně,

d) předávací zkoušky zákazníkovi včetně shrnutí předepsané dokumentace, vypracování návodů na obsluhu a pod.,

e) uvádění do chodu a získávání praktických zkušeností z provozu, kontrolu předpisů pro obsluhu a návodů činnosti zařízení,

f) hledání příčin provozních poruch dodaného zařízení.

Dále se řeší ve zkušebnách v těsné spolupráci s technickými kancelářemi (t. j. s oddělením pro výpočty, konstrukci, normalisaci, technologii a pod.) řada úkolů průmyslového vývoje, výzkumu i normalisace. Zkušebna spolupracuje s výrobou na odstraňování výrobních potíží a závad, na zlepšování výrobních procesů, jakosti výrobků a podobně.

11. ELEKTRICKÉ JEDNOTKY

Fysikální veličinu vyjadřujeme kvantitativně (podle množství) číslem, které je násobkem příslušné jednotky. Při měření porovnáváme tedy velikost fysikální veličiny s její základní jednotkou.

Koncem osmnáctého století byla ve Francii vypracována metrická soustava měr a vah.

Jednotky pro měření elektrických veličin zprvu neexistovaly. Na příklad Ohm při objevení svého zákona roku 1826 posuzoval proud podle úhlu, o který musel pootočit hlavici svého přístroje, aby výchylku magnetky, natočené vlivem proudu, vrátil na nulu. Odpor se také vyjadřoval délkou drátu, napětí počtem článků (do r. 1870 byl nejběžněji používán článek Daniellův, proto se používalo označení „daniell").

Teprve v letech 1860 až 1870 se začaly formulovat na základě Ohmova zákona dnešní elektrické jednotky ohm, ampér, volt. Na mezinárodním elektrotechnickém kongresu v Paříži r. 1881 byla přijata soustava elektrostatických (cgses) a elektromagnetických jednotek (cgsem). Pak byla řada mezinárodních jednání, na nichž byly přijaty další jednotky pro nové veličiny. Tato jednání vyvrcholila r. 1939 na VI. zasedání „Poradního výboru pro elektřinu" návrhem Giorgiovy soustavy jednotek (čti džórdžiovy).

Usnesením mezinárodního komité pro váhy a míry v Paříži v říjnu 1946 byla navržená Giorgiova soustava měr (MKS) zavedena mezinárodně od 1. I. 1948 do praxe i theorie. Soustava MKS může být racionalisovaná a neracionalisovaná. Základními jednotkami této soustavy jsou metr (délka), kilogram (hmota 1 kg, ne síla!), sekunda (čas). Proto se nazývá soustavou MKS. Jako čtvrtá základní jednotka byla do této soustavy přidána jednotka elektrického proudu (ampér) — proto ji označujeme též MKSA.

Definice: 1 m je desetimiliontá část kvadrantu zemského poledníku (normál M).

1 kg je hmota 1 dm³ vody teplé 4 °C (normál K). Na 1 kg hmoty působí na zemi síla $F = ma = 1 \cdot 9{,}81 = 9{,}81$ newtonu. Newton N je jednotkou síly, 1 kg jednotkou hmoty. 1 N je síla, která udělí hmotě 1 kg zrychlení 1 m/s². V technické praxi je jednotkou síly 1 kg* — hvězdičkou rozlišujeme kg* síly od kg hmoty. Hmota 1 kg podléhá v zemském gravitačním poli síle 1 N = 0,102 kg* = 10^5 dyn.

1 s je 1/86400 část středního slunečního dne (znak s).

1 A je stálý proud udržovaný ve dvou rovnoběžných přímých a nekonečně dlouhých vodičích zanedbatelně malého průřezu, vzdálených od sebe 1 m, který vyvolá mezi těmito vodiči ve vakuu sílu $2 \cdot 10^{-7}$ N na 1 m délky.

V racionalisované soustavě MKS vychází z jednotky elektrického nebo magnetického množství pouze jednotkový tok na rozdíl od soustavy cgs, kde vychází 4π jednotek toku (indukčních čar).

V neracionalisované soustavě MKS je ponechán činitel 4π na stejných místech jako v soustavě cgs.

V soustavě MKSA užíváme těchto elektrických jednotek[1]):

ampér	[A]	jednotka elektrického proudu I
volt	[V]	jednotka elektrického napětí U
watt	[W]	jednotka výkonu P
joule	[J]	wattsekunda — jednotka práce W (1 J = 1 Ws = 0,102 kg*m)
coulomb	[C]	ampérsekunda — jednotka elektrického množství Q (1 C = 1 As)
farad	[F]	jednotka kapacity C
henry	[H]	jednotka indukčnosti L
ohm	[Ω]	jednotka elektrického odporu R
siemens	[S]	jednotka elektrické vodivosti $G = 1/R$
weber	[Wb]	voltsekunda — jednotka magnetického toku Φ (1 Wb = 1 Vs, v technické soustavě 1 Wb = 10^8M — maxwellů)
tesla	[T]	jednotka magnetické indukce (sycení) B (1T = Vs/m² = 10 000 G — gaussů v technické soustavě)

[1]) Poznámka: ampér, volt, ohm, watt, joule (čti džaul), henry atd., jsou mužského rodu a píšeme je malým písmenem. Znaky píšeme velkými písmeny [A; V; Ω; W; J; H]. Počítá se zde s praktickými jednotkami, V; A; atd., na rozdíl od dřívější elektrostatické nebo elektromagnetické soustavy, které užívaly absolutní jednotky. Soustava cgses byla vyvozena tak, že se v Coulombově zákoně vyšlo od dielektrické konstanty vzduchoprázdna: $\varepsilon = 1$. Soustava cgsem má permeabilitu vzduchu: $\mu = 1$.

ampér na metr [A/m] jednotka intensity magnetického pole H (v technické soustavě oersted; 1 Oe = 79,6 A/m)

ampérsekunda na m² [As/m²] jednotka hustoty dielektrického posunutí (posuvného toku — elektrostatické indukce) D

volt na metr [V/m] jednotka intensity elektrostatického pole (gradient) E

Společnou jednotkou mechanické a elektrické soustavy jednotek je joule a wattsekunda (1 J = 1 Ws).

Rozdíly mezi absolutními jednotkami a mezinárodními jsou prakticky zanedbatelné.

Pojmenování jednotek jmény slavných zakladatelů elektrotechniky je dokladem úcty a uznání vědcům celého světa.

V technické praxi velmi často nevystačíme při měření s jedinou základní jednotkou, poněvadž může být pro snadné vyjádření příslušné fysikální veličiny buď příliš malá nebo velká. V těchto případech tvoříme vhodnými předponami ze základní jednotky odvozené jednotky. Tyto předpony jsou ustálené a značí:

mega	(M)	milion	10^{6}	(megawatt, megaohm, megacykl).
kilo	(k)	tisíc	10^{3}	(kilowatt, kilovolt, kiloampér)
hekto	(h)	sto	10^{2}	
deka	(D)	deset	10^{1}	
deci	(d)	desetina	10^{-1}	
centi	(c)	setina	10^{-2}	
mili	(m)	tisícina	10^{-3}	(milivolt, miliampér, milihenry)

mikro (μ)	miliontina	10^{-6}	(mikrovolt, mikroampér, mikrofarad)
nano (n)		10^{-9}	(nanofarad)
piko (p)		10^{-12}	(pikofarad)

12. VŠEOBECNĚ O MĚŘICÍCH PŘÍSTROJÍCH

Elektrické veličiny (napětí, proud, výkon, kmitočet a pod.) se měří na zkušebně a v laboratoři elektrickými laboratorními nebo montážními měřicími přístroji s jedním nebo více rozsahy. Měřicí rozsah přístroje se mění pomocí bočníků, předřadných odporů a měřicích transformátorů napětí a proudu. Údaje laboratorních měřicích přístrojů na zkušebně čteme a zapisujeme obyčejně v dílcích stupnice a teprve po zapsání se přepočítají na skutečnou hodnotu.

Zkušební zápisy mají proto obyčejně pro každou měřenou veličinu dva sloupce. Do prvého se zapisují výchylky ručky přístroje, čtené v dílcích stupnice, do druhého hodnoty přepočtené, t. j. výchylka čtená v dílcích násobená konstantou přístroje, čili skutečné volty, ampéry, watty a pod. Aby nedošlo při pozdějším přepočítávání k omylům nebo nedorozuměním, doporučuje se před měřením zanést do zkušebního zápisu veškeré údaje použitých měřicích přístrojů i příslušenství (druh a číslo přístroje, třídu přesnosti, použitý rozsah, konstantu přístroje, schema zapojení). Během měření je nutno každou změnu měřicího rozsahu ihned pečlivě zaznamenat do příslušného sloupce.

Měřicí přístroje jsou různě provedeny a v určité třídě přesnosti. Na každé stupnici přístroje jsou vyznačeny značky, které udávají druh měřicí soustavy, proudové soustavy, zkušební napětí, třídu přesnosti, přípustnou polohu při měření, výrobce a výrobní číslo.

Tab. *1.* Značky soustav proudu měřicích přístrojů podle normy ČSN ESČ 161-1951

Soustava proudu		Značka	Soustava proudu		Značka
Měřicí přístroj na proud	stejnosměrný	— *)	Měřicí přístroj pro trojfázovou soustavu	s jednou měřicí soustavou	≈
	střídavý	∼		se dvěma měřicími soustavami	≋
	stejnosměrný i střídavý	≂		se třemi měřicími soustavami	≋

*) Dříve používaná značka: ═══

Tab. *2.* Značky polohy stupnice při měření podle normy ČSN ESČ 161-1951

Poloha stupnice	Značka	Poloha stupnice	Značka
Svislá	⊥	Šikmá	∠
Vodorovná	⊓	Šikmá s udáním úhlu sklonu	∠60°

Na tabulkách 1 až 4 jsou uvedeny používané značky podle normy ČSN ESČ 161-1951: „Měřicí přístroje“.

Měřicí přístroje a jejich třídy přesnosti se volí podle druhu měření či zkoušky. Pro přesná laboratorní měření a přejímací zkoušky se používá měřicích přístrojů třídy přesnosti 0,2 % až 0,5 %, pro informativní měření 0,5 % až 1,5 %.

Ve všech zkušebnách a laboratořích je velmi důležitá řádná evidence, uskladnění, udržování, přecejchování a rychlá oprava měřicích přístrojů. O to se stará měřicí středisko kontroly či laboratoře měřicích přístrojů, anebo

Tab. *3.* Různé další značky podle normy ČSN ESČ 161-1951

Význam značky	Značka	Význam značky	Značka
Přívod od zdroje ke svorce	↑	Zkušební isolační napětí:	
Označení uzemňovací svorky	⏚	500 V*)	☆
		2000 V	☆ (2)
		5000 V	☆ (5)
Nařízení nulové polohy	○		

*) Jiné hodnoty zkušebního napětí než 500 V označí se v kV číslicí v černě ohraničené hvězdě.

Dříve se používalo barevných značek: 500 V černá, 2000 V červená, 5000 V zelená. ★

Tab. *4*. Značky měřicích soustav elektrických přístrojů podle normy ČSN ESČ 161-1951

Měřicí soustava	Značka	Měřicí soustava	Značka
s otočnou cívkou		elektrodynamická bez železa	
s otočnou cívkou s usměrňovačem		elektrodynamická stíněná	
s otočnou cívkou s thermo-článkem ne-isolovaným		elektrodynamická se železem	
s otočnou cívkou s thermočlánkem isolovaným		elektrodynamická poměrová bez železa	
s otočnou cívkou poměrová		elektrodynamická poměrová stíněná	
elektro-magnetická obyčejná		elektrodynamická poměrová se železem	
elektro-magnetická poměrová	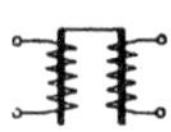	s točivým polem (Ferraris)	
tepelná		elektrostatická	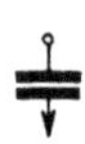
s otočným magnetem	není stanovena	resonanční (jazýčková)	

u menších závodů určený laborant. Bývá to specialista mechanik, který má na starosti též údržbu akumulátorové baterie, mazání ložisek měřičů isolace (induktorů a megmetů), doteků odporových můstků, výměnu jejich baterií a pod. Jeho laboratoř má být vybavena pracovním stolem a měřicím stolem, potřebným nářadím, navíječkou cívek, hodinářským soustruhem, vrtačkou a podobně.

Tato opatření jsou velmi důležitá, neboť pomáhají udržovat měřicí přístroje v bezvadném stavu a zabraňují v provádění oprav a rozebírání přístrojů nepovolanými osobami. Měřicí přístroje musí být proto pravidelně půlročně až ročně kontrolovány, cejchovány, řádně udržovány a po každém otevření znovu zaplombovány.

Náklady vzniklé řádným udržováním přístrojů se vždy vyplatí, neboť se tím odstraní zbytečné náklady na opakování zkoušek a nedozírné škody při bezcenných vývojových a prototypových zkouškách provedených špatnými přístroji.

Při vlastním měření je nutno rozmístit přístroje na měřicím stole tak, aby se navzájem co nejméně elektromagneticky nebo tepelně ovlivňovaly, aby spoje byly pokud možno krátké, přehledné, zbytečně se nekřížily a byly dostatečně dimensovány. Vzdálenost os jednotlivých přístrojů při přesném měření má být nejméně 50 cm a 200 cm od spojů vedoucích více než 150 A. Přívody k přístroji musí být souběžné a nesmějí tvořit smyčku.

Přístroje se nesmějí klást na kovové desky a blízko teplých těles. Musí se umístit tak, aby se nechvěly vlivem běžících strojů. Nelze-li chvění přístroje odstranit vhodným umístěním na měřicím stole, je nutno položit jej na tlustou podložku z pěnové gumy. Před každým měřením se zkontroluje a podle potřeby nastaví nulová poloha ukazovací ručky. Krycí skla po očištění prachu se zbaví dýchnutím elektrostatického náboje, který by mohl mít vliv na přesnost měření.

13. MĚŘENÍ STEJNOSMĚRNÉHO PROUDU, NAPĚTÍ A VÝKONU

Stejnosměrný proud a napětí se měří ve zkušebnách elektrickými měřicími přístroji s permanentním (trvalým) magnetem a otočnou cívkou, t. zv. soustavou Deprèz-d'Arsonvalovou. Stupnice je dělena rovnoměrně na 100 nebo 150 dílků, po případě s nulou uprostřed (oboustranná výchylka).

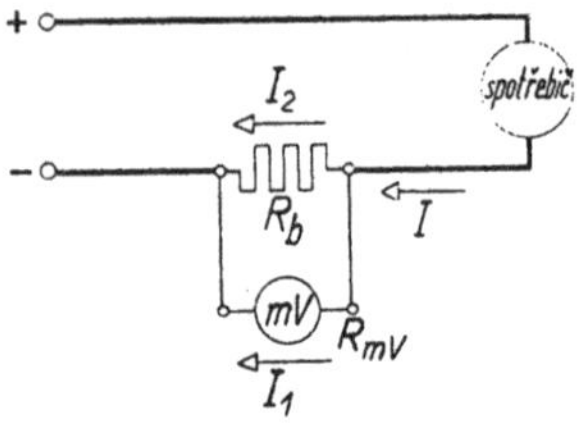

Obr. 7. Měření stejnosměrného proudu bočníkem R_b

a) Stejnosměrný proud se měří buď milivoltmetry s bočníky, nebo ampérmetry, které jsou na jeden nebo více rozsahů. Ve zkušebnách a v laboratořích se více používá milivoltmetrů (mV) cejchovaných v milivoltech (na př. 60, 100, 150 nebo 300 mV) a připojených k bočníkům (shuntům) R_b (obr. 7).

Celkový měřený proud I se rozdělí na proud I_1 procházející měřicí soustavou a na proud I_2 procházející bočníkem s odporem R_b. Odpor soustavy, počítaje v to přívodní vodiče, je R_{mV}. Chceme-li zvětšit měřicí rozsah milivoltmetru $n$krát, stanovíme odpor bočníku takto:

Součet proudů I_1 a I_2 dá celkový měřený proud $I = I_1 + I_2$. Proudy I_1 a I_2 jsou v poměru vodivostí obou větví

$$\frac{I_1}{I_2} = \frac{R_b}{R_{mV}}, \quad \text{z čehož} \quad I_2 = I_1 \frac{R_{mV}}{R_b}$$

Do rovnice pro celkový proud dosadíme za I_2 výraz $I_1 \frac{R_{mV}}{R_b}$, čímž dostaneme

$$I = I_1 + I_2 = I_1 + I_1 \frac{R_{mV}}{R_b} = I_1 \left(1 + \frac{R_{mV}}{R_b}\right)$$

a utvoříme poměr

$$\frac{I}{I_1} = n = 1 + \frac{R_{mV}}{R_b},$$

z čehož vypočteme velikost odporu bočníku R_b

$$R_b = \frac{R_{mV}}{n - 1}$$

Chceme-li tedy na př. měřit milivoltmetrem 60 mV, 10 Ω proud $I = 6$ A, spočteme proud měřicí soustavy

$$I_1 = \frac{0{,}060}{10} = 0{,}006 \text{ A} = 6 \text{ mA}$$

Poměr

$$n = \frac{I}{I_1} = \frac{6}{0{,}006} = 1000$$

K měřicímu milivoltmetru musíme připojit paralelně bočník s odporem

$$R_b = \frac{R_{mV}}{n - 1} = \frac{10}{1000 - 1} = \frac{1}{99{,}9} \doteq 0{,}010 \ \Omega$$

Na bočníku je vždy označen rozsah měřeného proudu (I) a druh přístroje, ke kterému je určen, na př.: 240 A, pro přístroj 60 mV, 10 Ω. Je-li ocejchován s určitým přístrojem, je ještě označen jeho výrobním číslem.

Měřicí konstanta C milivoltmetru připojeného k bočníku se určí ze vztahu

$$C = \frac{\text{proudový rozsah}}{\text{celkový počet dílků stupnice}} = \frac{I}{N} \quad [\text{A}/1^\circ]$$

Bočníky k milivoltmetrům se musí připojovat c e j c h o v a n ý m i k a b l í k y (šňůrami) s určitým vlastním odporem — nikoli libovolnými spojovacími vodiči. Normalisovaná délka je 1,5 m. Pozor na to zvláště při

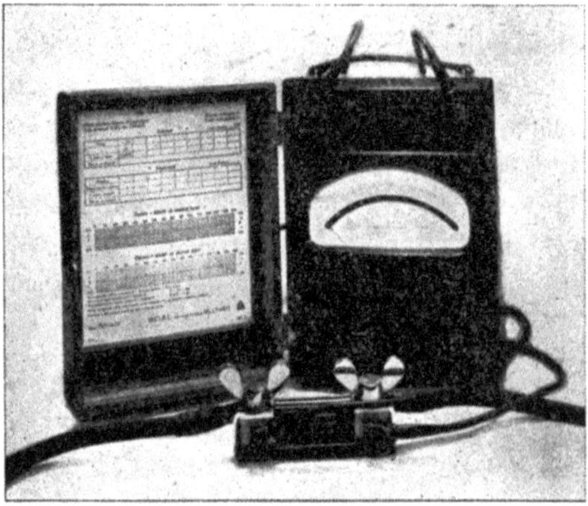

Obr. *8*. Bočník 240 A k přístroji 60 mV, 10 Ω

velké vzdálenosti mezi milivoltmetrem a bočníkem. V tomto případě se musí použít spojovací šňůry zvětšeného průřezu a stejného (ekvivalentního) odporu. Je třeba se též vyvarovat použití vodičů z různého vodivého materiálu, neboť vlivem thermoelektrických sil by se naměřily nesprávné hodnoty.

Bočníky mají obvykle dvoje svorky (obr. 8). Jedny slouží k přívodu měřeného proudu — p r o u d o v é s v o r k y (masivnější), druhé — n a p ě ť o v é, potenciální, k připojení milivoltmetru. Touto úpravou se při měření vyloučí vliv proměnlivých přechodových odporů na přívodních proudových svorkách. Přechodový odpor na napěťových svorkách je zanedbatelný vzhledem k nepatrnému proudu tekoucímu milivoltmetrem.

b) S t e j n o s m ě r n é n a p ě t í se měří voltmetry s jedním nebo více rozsahy. Měřicí rozsah se zvětšuje předřadnými odpory zapojenými do serie s odporem voltmetru (obr. 9). Chcemeli zvětšit rozsah voltmetru s odporem R_V $n$krát, stanovíme velikost předřadného odporu R_p takto:

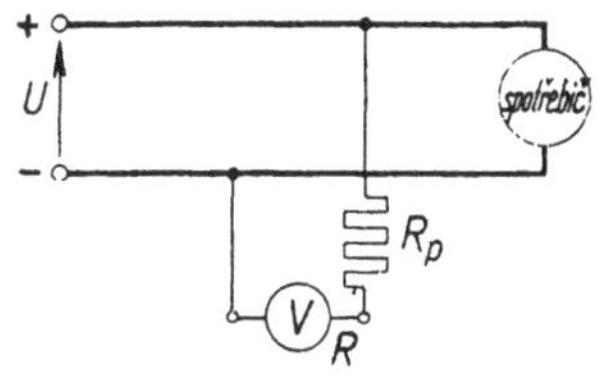

Obr. 9. Měření stejnosměrného napětí přístrojem s předřadným odporem R_p

Součet úbytků napětí na voltmetru U_V a na předřadném odporu U_p se rovná celkovému napětí U

$$U = U_V + U_p = nU_V$$

Protéká-li voltmetrem proud i, pak platí

$$U_V = R_V i \, ; \quad U_p = R_p i$$

a tedy

$$U = nR_V i = R_V i + R_p i$$

Z toho plyne velikost předřadného odporu

$$R_p = R_V(n - 1)$$

Máme-li tedy s voltmetrem rozsahu 3 V, 1000 Ω měřit napětí 30 V, musíme k němu připojit do serie předřadný odpor

$$R_p = 1000 \left(\frac{30}{3} - 1\right) = 9000 \, \Omega$$

Na předřadných odporech bývá udán rozsah napětí a hodnoty přístroje, ke kterému je určen, na př. 150 V pro přístroj 3 V/1000 Ω; případně, je-li cejchován s určitým přístrojem, i jeho výrobní číslo. Měřicí konstanta samotného voltmetru:

$$C = \frac{\text{napěťový rozsah}}{\text{celkový počet dílků stupnice}} = \frac{U_V}{N} \qquad [\text{V}/1°]$$

Měřicí konstanta voltmetru s použitím předřadného odporu:

$$C = \frac{\text{rozsah předřadného odporu ve voltech}}{\text{celkový počet dílků stupnice}} = \frac{U}{N} \qquad [\text{V}/1°]$$

Při měření vyšších napětí musí být měřicí přístroje náležitě isolovány proti zemi a navzájem proti sobě.

c) S t e j n o s m ě r n ý v ý k o n neměříme obvykle elektrodynamickými wattmetry, ale určujeme jej součinem naměřeného proudu I a napětí U. Stejnosměrný výkon P je dán vztahem

$$P = UI \qquad [\text{W; V, A}]$$

nebo

$$P = \frac{UI}{1000} \qquad [\text{kW; V, A}]$$

14. MĚŘENÍ STŘÍDAVÉHO PROUDU, NAPĚTÍ A KMITOČTU

Střídavý proud a napětí se většinou měří elektromagnetickými přístroji, které jsou založeny buď na principu vtahování magnetického jádra do cívky, nebo odpuzování dvou stejně zmagnetovaných jader. Stupnici mají nerovnoměrnou, na začátku a ke konci zhuštěnou. Rozsah použitého kmitočtu 15 až 100 Hz, přesnost 0,5 až 1 %.

Pro měření malých hodnot střídavého proudu a napětí

se používá měřicích přístrojů soustavy Deprèz-d'Arsonvalovy (permanentní magnet a otočná cívka) se zabudovaným suchým nebo tepelným usměrňovačem. Jejich výhodou je velmi malá vlastní spotřeba a nezávislost na kmitočtu. Přístrojů se suchým usměrňovačem lze použít v rozsahu kmitočtu 15 až 10 000 Hz, s tepelným usměrňovačem až 10^8 Hz podle druhu přístroje a velikosti měřicího rozsahu. Přístroje se suchým usměrňovačem mají skoro rovnoměrnou stupnici, s tepelným usměrňovačem kvadratickou stupnici. Přesnost 1 %.

Pro přesná měření se používá přesných stíněných elektrodynamických přístrojů založených na principu elektrodynamického působení pevné cívky na pohyblivou. Třída přesnosti 0,2 až 0,5 %. Přístroje mají z počátku nerovnoměrnou, od poloviny téměř rovnoměrnou stupnici.

Pro informativní měření se vžilo používání universálních měřicích přístrojů soustavy Deprèz-d'Arsonvalovy se suchým usměrňovačem (Avomety, Unimety a pod.). Lze jimi po přepnutí měřit střídavé nebo stejnosměrné napětí i proud v několika rozsazích.

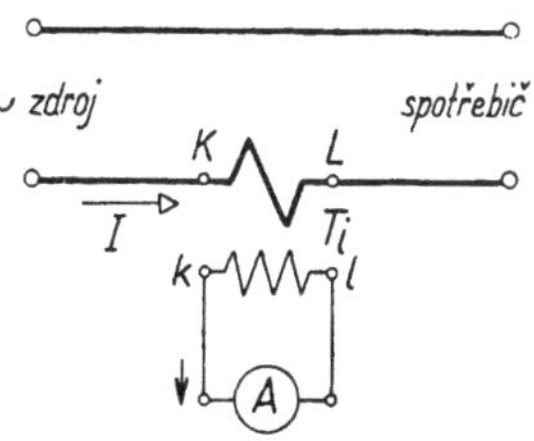

Obr. *10.* Měření střídavého proudu měřicím transformátorem proudu T_i

a) S t ř í d a v ý p r o u d lze měřit až do 100 A přímo ampérmetry, větší proudy se obvykle vždy měří měřicími transformátory proudu T_i (obr. 10). Menší proudy se měří někdy přesnými zvyšovacími transformátory proudu s převodem na př. 0,1 : 5 A a podobně.

Jmenovité hodnoty primárních proudů měřicích transformátorů jsou voleny z řady 5, 10, 15, 20, 30, 50, 75, 100, 150, 200, 300, 400, 600, 800, 1000, 1500, 2000, 3000, 4000, 6000, 8000, 10 000 A; sekundární proud je 5 A, výjimečně 1 A při velmi dlouhém vedení od měřicího transformátoru k ampérmetru. Rozsahy se mění buď přepínáním vinutí v poměru 1 : 2 : 4, nebo měněním počtu závitů u provlékacích transformátorů proudu.

Měřicí konstanta ampérmetru ve spojení s měřicím transformátorem proudu T_i se vypočte podle vzorce:

$$C = \frac{\text{rozsah ampérmetru}}{\text{celkový počet dílků stupnice}} \times$$

$$\times \frac{\text{jmenovitý primární proud transformátoru}}{\text{jmenovitý sekundární proud transformátoru}}$$

Normálně bývá měřicí rozsah ampérmetru stejný jako jmenovitý sekundární proud měřicího transformátoru, takže lze vztah pro výpočet měřicí konstanty upravit takto:

$$C = \frac{\text{jmenovitý primární proud transformátoru}}{\text{celkový počet dílků stupnice}} \quad [\mathrm{A}/1^\circ]$$

Je-li nutno zapojit na jeden měřicí transformátor proudu několik přístrojů (ampérmetry, ampérové cívky wattmetrů a pod.), zapojí se do serie (za sebou), aby jimi protékal stejný proud. Celková spotřeba všech přístrojů nesmí překročit jmenovitý výkon udaný na štítku měřicího transformátoru (5, 10, 15 i více VA). Jmenovitý výkon se udává ve voltampérech a vypočítá se ze jmenovitého proudu (obvykle 5A) násobeného celkovým úbytkem napětí všech měřicích přístrojů zapojených v serii a ve spojovacím vedení. Celkový úbytek napětí se vypočte sečtením všech odporů zapojených v serii, počítaje v to odpor spojovacích vedení násobených jmenovitým proudem (5 A).

Měřicí transformátory proudu pracují téměř *v spojení nakrátko*, neboť mají na sekundární straně připojený velmi malý odpor (na př. ampérmetr, ampérovou cívku wattmetru).

U proudových měřicích transformátorů je velké nebezpečí poškození sekundárního vinutí a magnetického jádra při rozpojení sekundárního obvodu. Je-li totiž sekundární obvod i při částečném primárním proudu rozpojen, rovná se sekundární proud transformátoru nule a celý primární proud se stane magnetisačním proudem, neboť proti němu nepůsobí sekundární proud. Magnetická indukce v jádře se tím značně zvětší a průběh indukce v závislosti na čase (časovém průběhu proudu) je značně deformován. Do sekundárního vinutí se pak indukuje značné napětí špičatého průběhu, řádově i několik kV při jmenovitém proudu. Toto napětí může poškodit závitovou isolaci sekundárního vinutí, zvětšený magnetický tok může vést k přehřátí magnetického jádra transformátoru, po případě i k jeho trvalému zmagnetování zbytkovým magnetismem, což má za následek zhoršení jeho přesnosti.

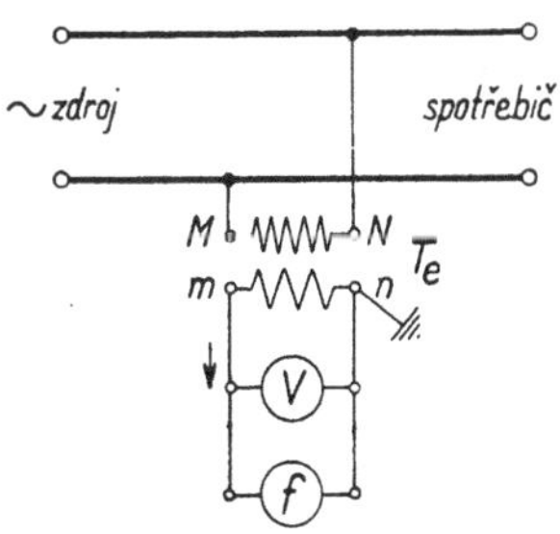

Obr. *11.* Měření střídavého napětí a kmitočtu měřicím transformátorem napětí T_e

Je tedy třeba při měření dbát, aby sekundární obvod transformátoru byl vždy spojen nakrátko buď ampérmetrem, ampérovou cívkou wattmetru, nebo spojovačem nakrátko (při změně rozsahu nebo odpojení vedení). Spojovače nakrátko jsou montovány u všech laboratorních měřicích proudových transformátorů, aby bylo umožněno zapojování a odpojování měřicích přístrojů i při zapojeném primárním obvodu. Proto se též nikdy nesmí jistit sekundární obvod pojistkou!

b) S t ř í d a v é n a p ě t í se měří voltmetry s elektromagnetickou, elektrodynamickou nebo Deprèz-d'Arsonvalovou soustavou s usměrňovačem. Ke zvětšení rozsahu se používá až do 600 V předřadných odporů. Použije-li se odporu, určí se měřicí konstanta obdobně jako u stejnosměrného voltmetru. Vyšší napětí se měří měřicími transformátory napětí T_e (obr. 11).

Jmenovité hodnoty měřicích transformátorů napětí jsou podle normy „Měřicí transformátory" ČSN ESČ 64-1951: primární napětí 0,5; 1, 3, 6, 10, 15, 22, 35, 100, 220 kV; sekundární napětí 100 V (dříve bývalo 110 V).

Měřicí konstanta voltmetru spojeného s měřicím transformátorem napětí:

$$C = \frac{\text{rozsah voltmetru}}{\text{celkový počet dílků stupnice}} \times$$

$$\times \frac{\text{jmenovité primární napětí transformátoru}}{\text{jmenovité sekundární napětí transformátoru}}$$

K jednomu měřicímu transformátoru napětí T_e se může připojit paralelně několik voltmetrů nebo voltových cívek wattmetrů, jejich spotřeba však nesmí být větší než jmenovitý výkon transformátoru, který se udává ve voltampérech, nebo zátěž v ohmech. Celkový výsledný odpor zátěže R_c se určí ze součtu převrácených hodnot odporů R všech paralelně připojených přístrojů

$$\frac{1}{R_c} = \sum \frac{1}{R}$$

Měřicí transformátory napětí mají se zřetelem na přesnost převodu malé napětí nakrátko a tím velké zkratové proudy. Nesmějí se tedy nikdy spojit při měření sekundární svorky nakrátko, neboť by se mohlo zničit vinutí transformátoru. Proto se sekundární obvod jistí tavnými pojistkami (1 A nebo i slabšími).

c) Kmitočet (periody, frekvence f) se obvykle měří resonančními jazýčkovými přístroji kmitoměry (periodoměry), které se zapojují paralelně k voltmetru (obr. 11). Jestliže se používá při zkoušení napětí ze sítě, neměří se při normálních zkouškách kmitočet, neboť jej elektrárna udržuje s poměrně velkou přesností na 50 Hz. Ve zkušebnách se však často jako zdroje střídavého napětí a proudu používá synchronních generátorů (alternátorů) poháněných stejnosměrnými motory. V těchto případech slouží s výhodou kmitoměry k řízení jejich otáček. Pro měření kmitočtu při malém napětí se vyrábějí kmitoměry s regulačním transformátorem napětí.

15. MĚŘENÍ STŘÍDAVÉHO VÝKONU A ÚČINÍKU

K měření výkonu střídavého proudu se ve zkušebnách většinou používá elektrodynamických wattmetrů založených na principu vzájemného elektrodynamického působení pevné a otočné cívky. Pevnou cívkou protéká měřený proud, otočná je připojena k měřenému napětí. Zcela výjimečně se též používá wattmetrů s t. zv. Ferrarisovou soustavou (přístroje s točivým nebo posuvným polem), které jsou vhodné jen pro ta měření, kdy se napětí a kmitočet jen nepatrně mění. Proudový a napěťový rozsah wattmetrů se zvyšuje pomocí měřicích transformátorů proudu a napětí (obr. 13, 15), případně i předřadnými odpory (obr. 12, 14). Použijeme-li předřadného odporu R_p, musíme jej zapojit tak, aby mezi napěťovou a proudovou cívkou bylo co nejmenší napětí. Toho se dosáhne tím, že se spojí označené svorky napěťové a proudové cívky — viz schema zapojení obr. 12, označení svorek šipkou, někdy značkami +.

a) Údaj P wattmetru je při měření výkonu jednofázového střídavého proudu rovný součinu napětí U, proudu I a účiníku $\cos\varphi$

$$P = UI \cos\varphi \qquad [\mathrm{W; V, A}]$$

Velikost účiníku $\cos\varphi$ se může pohybovat od 0 až do 1. Je-li účiník nula, nebo je-li jeho hodnota velmi malá, ukazuje wattmetr malou výchylku, ačkoliv jím protéká plný proud a má

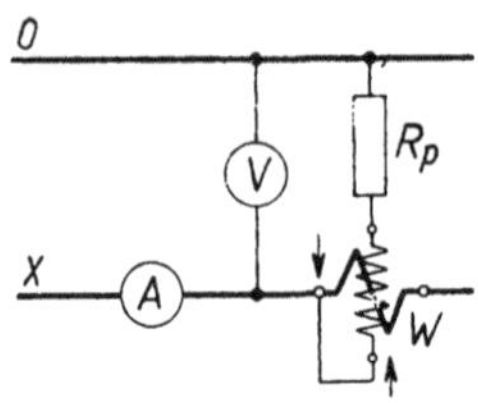

Obr. *12*. Měření výkonu jednofázového proudu přístrojem s předřadným odporem R_p

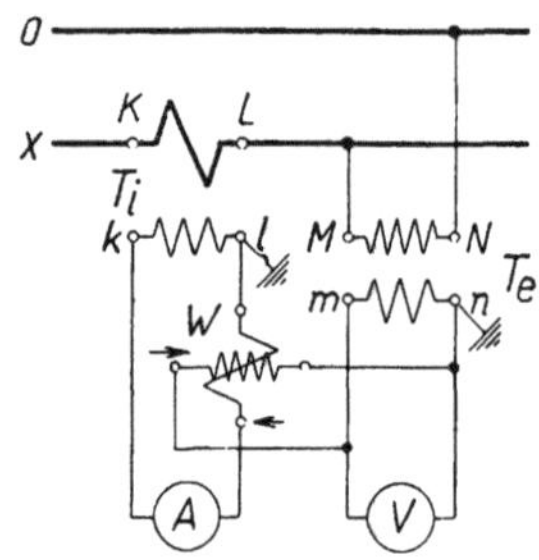

Obr. *13*. Měření výkonu jednofázového proudu s použitím měřicích transformátorů T_i, T_e

plné napětí odpovídající rozsahu měřicího přístroje. Vidíme tedy, že měřicího rozsahu wattmetru nelze využít do největšího údaje na jeho stupnici a že se musí vždy pro kontrolu zapojit voltmetr a ampérmetr, aby se předešlo poškození přístroje přetížením napěťové nebo proudové cívky (obr. 12).

K měření výkonu trojfázového proudu bez nulového vodiče se používá dvou wattmetrů v Aronově zapojení (obr. 14, 15). Pro kontrolu se zapojují tři ampérmetry a jeden voltmetr s přepinačem na všechny tři fáze. Tím se vyloučí opět možnost přetížení wattmetrů a zjistí se i eventuální nesouměrnosti zkoušeného stroje. Celkový výkon P trojfázové soustavy je dán součtem údajů obou wattmetrů

$$P = P_1 + P_2 = C(\alpha_1 + \alpha_2)$$

kde C je konstanta wattmetrů; α_1, α_2 výchylky ručky wattmetrů v dílcích stupnice, při čemž nutno dát pozor na jejich znaménko. Zápornou výchylku má ten wattmetr, který správně připojen ukazuje za roh (vlevo od

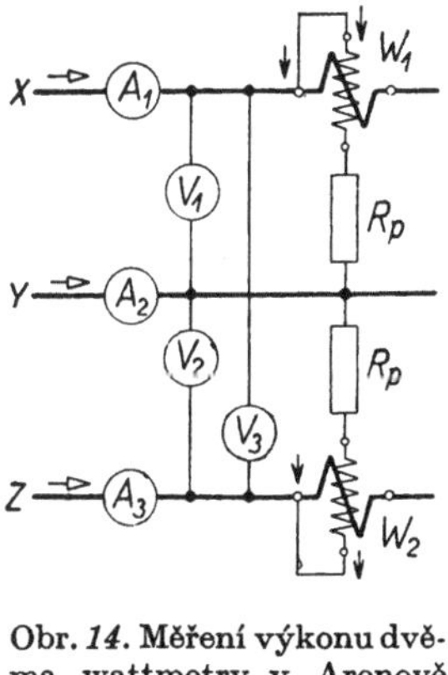

Obr. *14*. Měření výkonu dvěma wattmetry v Aronově zapojení

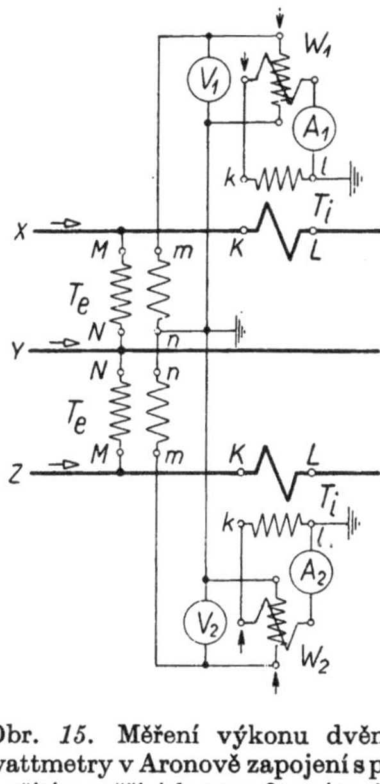

Obr. *15*. Měření výkonu dvěma wattmetry v Aronově zapojení s použitím měřicích transformátorů

nuly), takže se musí obráceně připojit napěťová cívka wattmetru.

Výkon v trojfázové soustavě s přístupným n u l o v ý m v o d i č e m a při nesouměrném zatížení jednotlivých fází se měří třemi wattmetry (obr. 16). Pro kontrolu jsou zapojeny opět tři ampérmetry a voltmetr s přepinačem. Celkový výkon P je dán součtem údajů jednotlivých wattmetrů

$$P = P_1 + P_2 + P_3 = C(\alpha_1 + \alpha_2 + \alpha_3)$$

Měřicí konstanta wattmetru

$$C = \frac{\text{napěťový rozsah} \times \text{proudový rozsah}}{\text{celkový počet dílků stupnice}} \quad [\mathrm{W}/1^\circ]$$

Při použití měřicích transformátorů T_e, T_i:

$$C = \frac{\text{napěťový rozsah} \times \text{proudový rozsah}}{\text{celkový počet dílků stupnice}} \times$$

$$\times \frac{\text{jmenovité primární napětí transformátoru}}{\text{jmenovité sekundární napětí transformátoru}} \times$$

$$\times \frac{\text{jmenovitý primární proud transformátoru}}{\text{jmenovitý sekundární proud transformátoru}} \quad [\mathrm{W}/1^\circ]$$

Při zapojování wattmetrů a měřicích transformátorů napětí i proudu je třeba dát dobrý pozor (obzvláště u Aronova spojení) na správné připojení primárních a sekundárních svorek i přístrojových svorek. Zásadou správného zapojení měřicího transformátoru je, aby se jeho vřazením nezměnil směr napětí nebo proudu přivedeného do wattmetru, neboť by měřil nesprávné

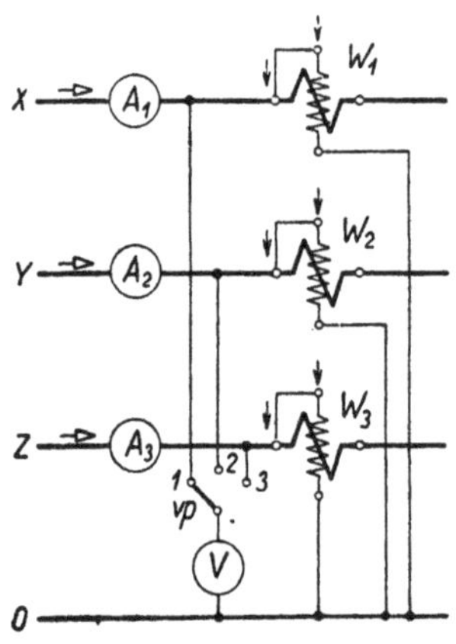

Obr. *16*. Měření výkonu v trojfázové soustavě s nulovým vodičem

hodnoty. Při měření na strojích s vysokým napětím se zřetelem na bezpečnost obsluhy uzemňujeme u měřicího transformátoru napětí a proudu jednu sekundární svorku (obr. 15).

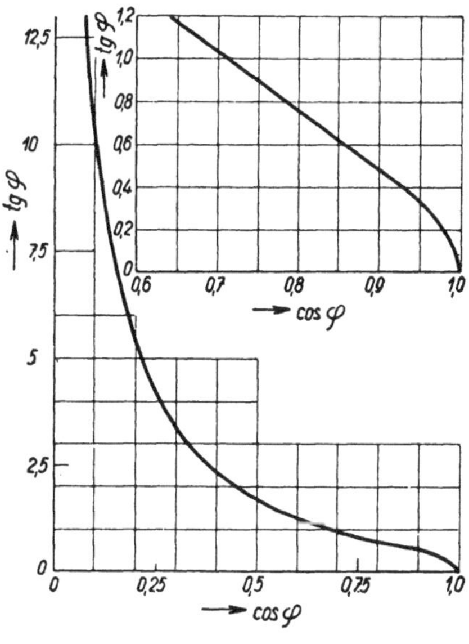

Obr. *17*. Převod tg φ na cos φ a naopak

b) Ú č i n í k se neměří ve zkušebnách z důvodů přesnosti přímo měřicími přístroji, t. zv. fázoměry, ale vypočítává se z měřeného výkonu P, napětí U a proudu I.

Pro jednofázový proud platí

$$\cos\varphi = \frac{P}{UI} \qquad [\text{W; V, A}]$$

Pro trojfázový proud

$$\cos\varphi = \frac{P}{\sqrt{3}\,UI} \qquad [\mathrm{W;\ V,\ A}]$$

V trojfázové soustavě měříme obvykle výkon P dvěma wattmetry v Aronově spojení. V tomto případě lze účiník určit přímo z výchylek α_1, α_2 obou wattmetrů podle vzorce

$$\operatorname{tg}\varphi = \sqrt{3}\,\frac{\alpha_1 - \alpha_2}{\alpha_1 + \alpha_2}$$

Převod tg φ na cos φ je na obr. 17. Dále lze určit účiník cos φ z poměru výchylek $\frac{\alpha_1}{\alpha_2}$ a pomocí tabulky 5 nebo diagramu (obr. 18). Často se ve zkušebnách používá k určení cos φ pomocné stupnice — na jedné straně je vynesen účiník cos φ a na druhé poměr výchylek

$$\frac{\alpha_m}{\alpha_v} = \frac{\text{výchylka menší}}{\text{výchylka větší}}$$

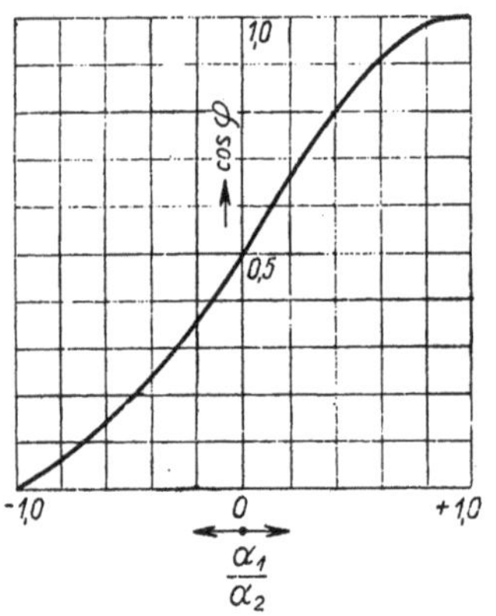

Obr. *18*. Určení velikosti cos φ z poměru výchylek α_1/α_2 v Aronově zapojení

Tuto stupnici lze snadno sestrojit pomocí tabulky 5.

Při měření výkonu střídavého proudu s větším fázovým pošinutím, jako je tomu na příklad při měření transformátorů, tlumivek, reaktorů a asynchronních motorů v chodu naprázdno, je nutno určit přesně, kdy jsou výchylky α_1, α_2 kladné nebo záporné. Před vlastním měřením zkontrolujeme za-

Tab. 5. Určení velikosti $\cos\varphi$ z poměru výchylek $\frac{\alpha_1}{\alpha_2}$ v Aronově zapojení

$\frac{\alpha_1}{\alpha_2}$	Hodnoty $\cos\varphi$ pro		$\frac{\alpha_1}{\alpha_2}$	Hodnoty $\cos\varphi$ pro	
	$\frac{\alpha_1}{\alpha_2}$ kladné	$\frac{\alpha_1}{\alpha_2}$ záporné		$\frac{\alpha_1}{\alpha_2}$ kladné	$\frac{\alpha_1}{\alpha_2}$ záporné
0,00	0,500	0,500	0,50	0,866	0,1893
0,02	0,5155	0,485	0,52	0,879	0,1796
0,04	0,531	0,470	0,54	0,888	0,1701
0,06	0,546	0,456	0,56	0,900	0,1609
0,08	0,5626	0,441	0,58	0,9095	0,1518
0,10	0,577	0,427	0,60	0,918	0,143
0,12	0,593	0,414	0,62	0,927	0,1345
0,14	0,609	0,400	0,64	0,935	0,1259
0,16	0,624	0,386	0,66	0,944	0,1176
0,18	0,639	0,3724	0,68	0,951	0,112
0,20	0,655	0,359	0,70	0,957	0,1014
0,22	0,6715	0,3462	0,72	0,9645	0,0937
0,24	0,686	0,3346	0,74	0,970	0,086
0,26	0,7025	0,3218	0,76	0,9745	0,0786
0,28	0,7176	0,3094	0,78	0,979	0,0712
0,30	0,732	0,2972	0,80	0,983	0,0645
0,32	0,747	0,2848	0,82	0,986	0,0572
0,34	0,762	0,2738	0,84	0,990	0,0502
0,36	0,777	0,2622	0,86	0,992	0,0435
0,38	0,790	0,2512	0,88	0,9945	0,0368
0,40	0,804	0,2402	0,90	0,997	0,03038
0,42	0,8175	0,2298	0,92	0,998	0,0241
0,44	0,830	0,2196	0,94	0,999	0,0179
0,46	0,844	0,209	0,96	0,9995	0,0118
0,48	0,855	0,1988	0,98	0,9995	0,0058
			1,00	1,000	0,0000

pojení wattmetrů — zda jsou správně zapojeny proudové i napěťové cívky podle schematu zapojení. Nesmějí se prohodit přívody od zdroje s přívody k motoru a napěťové cívky musí být napájeny ze stejné fáze jako proudové cívky. Jinak bychom neměli jistotu, že naměřené hodnoty jsou správné.

16. MĚŘENÍ OTÁČEK

Otáčky elektrických strojů se měří otáčkoměry mechanickými nebo elektrickými, u asynchronních motorů i stroboskopicky.

a) Mechanické otáčkoměry. Nejčastěji používaný je odstředivý otáčkoměr (tachometr), který pracuje na principu odstředivého regulátoru (obr. 19). Na hřídeli h_2 jsou nasazeny dvě objímky: o_1 pevná, o_2 pohyblivá. Obě objímky jsou spolu spojeny soustavou táhel, na kterých jsou upevněna závaží z_1, z_2. Vlivem odstředivé síly se závaží vzdalují od osy, při čemž posunují objímkou o_2 a přemáhají tlak pružiny f. S volnou objímkou o_2 je spojen hřeben h, který zabírá s pastorkem p spojeným s ručkou r. Otáčky se čtou na stupnici s. Ručka se ustálí tehdy, když nastane rovnováha mezi odstředivou silou závaží a silou pružiny. Hřídel h_2 je poháněn přes převodovou skříň hřídelem h_1 zakončeným kovovou nebo gumovou špičkou, která se vkládá do důlku na konci hřídele měřeného stroje. Převodová skříň umožňuje použít odstředivého tachometru v širokém rozsahu otáček. Na př. otáčkoměr Jacquet má rozsah 60 až 8000 ot/min při čtyřrychlostní převodové skříni. Při měření začínáme měřit vždy s největším rozsahem, který potom během měření vhodně změníme. Tím se zamezí poškození otáčkoměru zvětšenou odstředivou silou.

Otáčkoměry Hasler nebo Taysler se skládají z počitadla otáček a stopek. Jsou konstruovány tak, že měří střední otáčky během pěti vteřin. Počítací zařízení a stopky jsou v jednom pouzdře, po straně je mechanismus na spuštění stopek a vrácení ručky do nulové polohy. Výhodou těchto otáčkoměrů je, že se hodnota čte až po zastavení ručky, t. j. vklidu. Rozsah bývá 0 až 10000 ot/min.

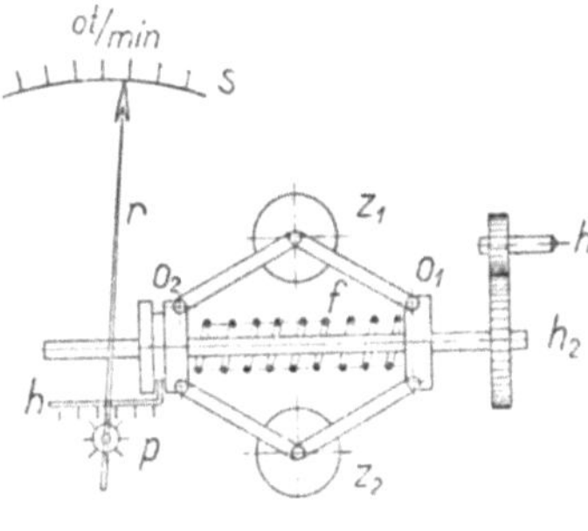

Obr. *19*. Odstředivý otáčkoměr

Dalším druhem mechanických otáčkoměrů jsou vibrometry (na př. Anson, rozsah až do 20 000 ot/min), které využívají kmitání nevyvážených částí rotoru. Kmity jsou závislé na otáčkách a přenášejí se na jazýčkový vibrometr. Při měření se plynule mění délka jazýčku, až ukazuje největší výchylku. Pak je v resonaci s kmitočtem rotujících hmot a obě frekvence jsou buď stejně velké nebo celistvým násobkem. Na stupnici vibrátoru se čtou otáčky přímo. U strojů, které jsou velmi dobře vyváženy, použije se excentrického hřídelíku, který se vloží do středicího důlku na konci hřídele zkoušeného stroje. Tím se zvětší citlivost.

E l e k t r i c k é o t á č k o m ě r y jsou založeny na principu stejnosměrného nebo střídavého generátoru. V prvém případě jde vlastně o malé dynamko s permanentními (stálými) magnety. Napětí indukované ve vodičích kotvy je tedy přímo úměrné otáčkám kotvy, které se měří stejnosměrným voltmetrem cejchovaným v otáčkách za minutu. V druhém případě je použito alternátorku s magnetovým kolem z permanentního magnetu (obr. 20). Otáčením magnetového kola se ve vodičích indukuje střídavé napětí, jehož velikost i kmitočet jsou přímo úměrné otáčkám. Otáčky se mohou měřit buď kmitoměrem, nebo stejnosměrným voltmetrem s usměr-

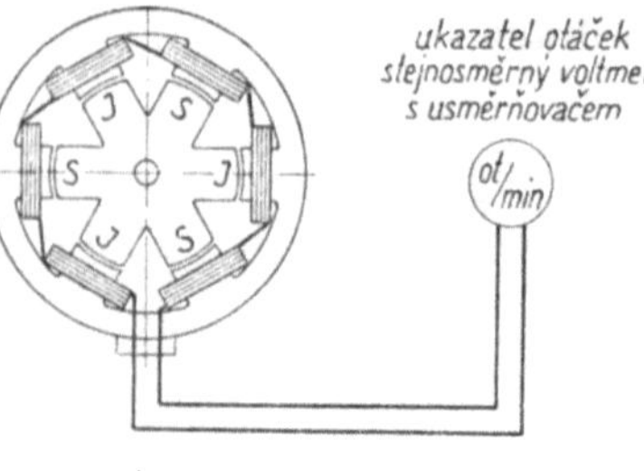

Obr. *20*. Elektrický otáčkoměr n. p. Metra

ňovačem. Stupnice je rovnoměrná, cejchovaná v otáčkách za minutu. U těchto tachometrických alternátorů nejsou ani komutátory ani kartáče, takže jsou provozně spolehlivější než tachometrická dynamka.

Výhodou elektrických otáčkoměrů je, že se mohou spojit se zkoušeným strojem ohebným hřídelem, nebo upevnit přímo na zkoušený stroj. Otáčky se čtou pohodlně na měřicích stolech.

V některých případech se otáčky s výhodou měří stroboskopicky. Při této methodě se nastavením vhodného kmitočtu záblesků cejchovaného stroboskopu dosáhne zdánlivého zastavení hřídele nebo rotoru zkoušeného stroje. V tomto případě se shoduje počet otáček s kmitočtem záblesků. Měření skluzu asynchronních motorů stroboskopem bude probráno při měření asynchronních strojů.

17. SMYČKOVÉ A ELEKTRONKOVÉ OSCILOGRAFY

Ručkové zapisovací (registrační) přístroje nemohou zapisovat rychlé změny, poněvadž mají velkou setrvačnost a nestačí sledovat průběh měřené veličiny. Proto používáme pro jejich zapisování a sledování oscilografů buď smyčkových, nebo elektronkových. Oscilografy zapisují elektrické veličiny (napětí, proud, výkon) nebo mechanické veličiny (hluk, chvění) převedené na elektrické veličiny pomocí snimačů tak, že elektrická veličina způsobí pohyb světelného paprsku na fotografickém papíru nebo filmu v jedné ose. Současně se rovnoměrně pohybuje fotografický papír (film) nebo paprsek kolmo k ose zápisu, takže obdržíme na snímku časový záznam pozorovaného jevu.

a) Smyčkové oscilografy jsou založeny na principu působení sil na vodič, jímž protéká proud a který je v rovnoměrně rozloženém magnetickém poli buzeném permanentním (trvalým) magnetem M. Na obr. 21 je schematicky nakreslena oscilografická smyčka. Ve vzduchové mezeře magnetu M jsou ve tvaru smyčky uloženy dva tenké vodiče. Jedním vodičem protéká proud jedním směrem, druhým opačným směrem. Na smyčku je přilepeno zrcátko o velikosti asi $0{,}5 \times 0{,}5$ až 2×2 mm. Smyčka je podepřena isolačními hranoly *h* a napínána kladičkou *k* a perem *p*. Protéká-li proud smyčkou umístěnou v magnetickém poli, zkrucuje se, natáčí se její rovina a zrcátko sleduje její výchylky a odchyluje světelný paprsek. Výchylka paprsku je přímo úměrná přiváděné elektrické veličině. Výhodou smyčkových oscilografů je, že mají velmi malou indukčnost, malé ztráty hysteresní a vířivými proudy, takže změřená křivka elektrické veličiny má jen malý fázový posun proti skutečné. Smyčky mají však vždy určitou setrvačnost, která je způsobená hmotou vodičů smyčky, zrcátka a tlumením smyčky (soustava je v nádobě naplněné speciálním tlumicím olejem). Proto je třeba volit smyčky podle kmitočtu zkoumaného jevu, aby měření bylo správné. Smyčky se dělají na kmitočty do 10 000 Hz. Smyčky mají velmi malý odpor a jsou velmi citlivé. Pracují proto s velkými předřadnými odpory a s bočníky, které musí být provedeny tak, aby neskreslovaly průběh měřené veličiny (malá indukčnost a kapacita).

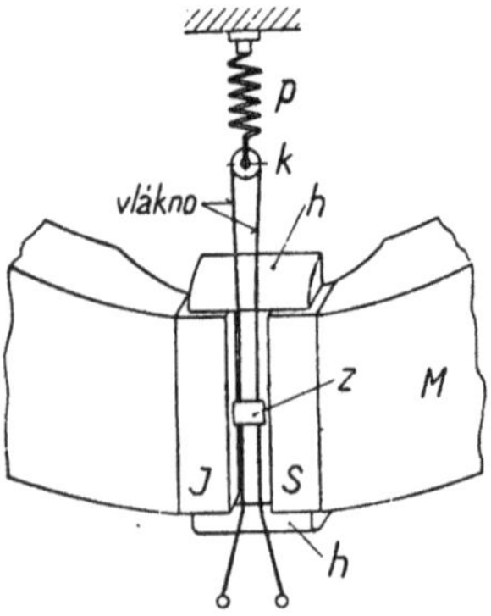

Obr. *21*. Schematické znázornění smyčky oscilografu

Smyčky jsou velmi choulostivé na mechanické nárazy a proudová přetížení. Chrání se pojistkami ze stejného drátu jako jsou smyčky. Drátek je ve skleněné trubce, smyčka v oleji, takže se při přetížení vlivem horšího chlazení dříve přepálí drátek pojistky. Velmi častou poruchou smyček je odlepení zrcátka při proudovém nebo mechanickém nárazu.

Na obr. 22 je schema optického zařízení smyčkového oscilografu. Jako osvětlovacího zdroje se používá buď speciální projekční žárovky nebo obloukovky. Světlo zdroje Z je soustředěno kondensorem K. Jeho intensita se řídí nastavitelnou clonkou C podle rychlosti fotografického papíru (filmu) a světelného paprsku. Nastavitelným hranolem nebo zrcátkem H_1 je světelný paprsek vrhán na zrcátko smyčky S, od kterého se odráží. Část světelného paprsku je soustředěna válcovou čočkou Č na pohybující se fotografický papír P (schema b), na kterém zanechá stopu udávající časový průběh měřené veličiny. Rychlost zápisu je 0,2 až 110 cm/s. Druhá část paprsku je odražena hranolem H_2 a H_3 na rotující hranol H_4, který jej odráží na matnici M, na níž se vykreslí průběh měřené veličiny v závislosti na čase. Změnou

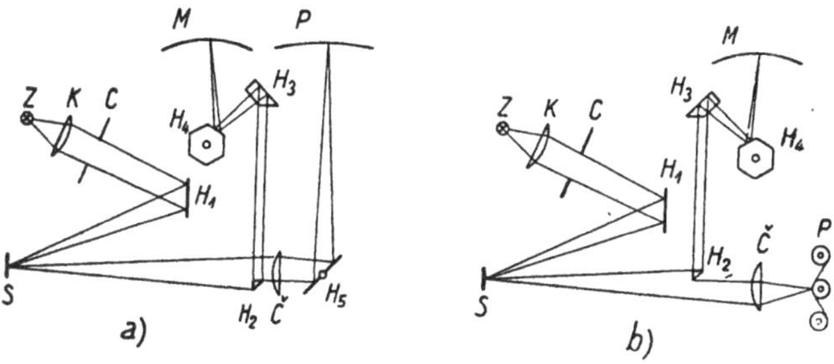

Obr. 22. Schema optického zařízení smyčkového oscilografu
a) s pevným listem fotografického papíru,
b) s pohybujícím se svitkem fotografického papíru

rychlosti otáčení hranolu H_4 a pohybu papíru lze nastavit vhodnou časovou základnu. U velmi rychlých jevů se používá zařízení podle schematu a), které má pohyblivé zrcátko H_5 a pevný list fotografického papíru. Rychlost zápisu je 1 až 10 m/s.

b) Elektronkový oscilograf. Pro přímé pozorování průběhu měřené veličiny používáme elektronkového osciloskopu (pro pozorování) nebo oscilografu (pro současné pozorování i fotografování). Jejich podstatnou částí je obrazovka. Její řez je na obr. 23. Nepřímo žhavená kathoda K je tvořena niklovou trubičkou. Trubička má vpředu skvrnu S z kysličníku barnatého, ze které vystupují při teplotě 900 °C elektrony. Její potenciál je nulový. Kathoda je obklopena Wehneltovým válcem W, v jehož dně je malý otvor. Válec má záporný potenciál (asi 50 V) a vytváří kolem kathody takové elektrostatické pole, aby se elektrony vysílané kathodou soustředily v jednom směru. Regulováním napětí na válci se řídí svítivost světelného bodu. Sou-

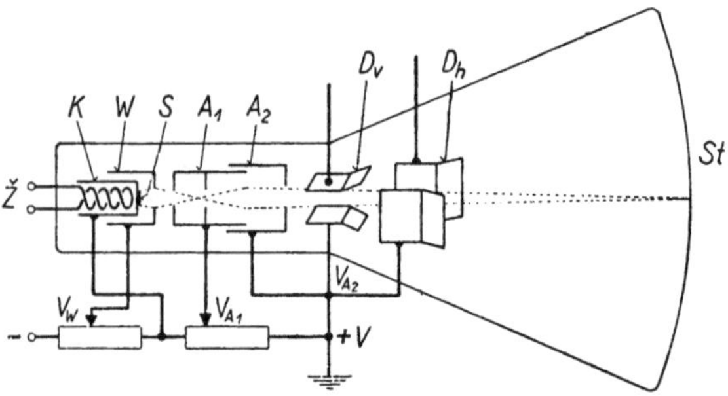

Obr. *23.* Obrazovka elektronkového oscilografu

středěný paprsek elektronů postupuje potom otvorem ve válci do otvoru válcové anody A_1, která má potenciál asi 260 V a soustřeďuje svazek elektronů v jeden paprsek (elektronová optika). Druhá anoda A_2 má potenciál + 1000 V a urychluje elektrony. Paprsek elektronů dopadá na stínítko St, na němž je nanesena citlivá světélkující vrstva (na př. zinekfosfátová), na které se vytváří světelný bod. Předtím však paprsek prochází ještě dvojicí vychylovacích destiček D_v a D_h. Destičky D_v jsou obyčejně připojeny na měřenou elektrickou veličinu přes elektronkový zesilovač nebo přímo. Vytvořené elektrické pole mezi nimi vychyluje elektronový paprsek ve svislém směru. Na destičky D_h je přiváděno napětí z rázového generátoru. Destičky D_h vychylují paprsek ve vodorovném směru a vytvářejí časovou základnu. Kmitočet rázového generátoru se nastaví tak, aby se obrázek na stínítku nepohyboval. V tomto případě můžeme jev nejen snadno pozorovat, ale i fotografovat nebo obkreslit na průhledný papír.

Výhodou elektronkových oscilografů proti smyčkovým je, že nemají žádné pohybující se části, tedy nemají žádnou setrvačnost a lze jimi pozorovat i nejvyšší kmitočty. Jsou i mnohem citlivější. Nevýhodou je, že jsou velmi citlivé na cizí pole a že musí být proto jeden pól zkoumaného napětí uzemněn a druhý přiváděn kablíkem s dobře uzemněným stínícím pláštěm.

18. MĚŘENÍ ČINNÝCH ODPORŮ STEJNOSMĚRNÝM PROUDEM

Měření velikosti odporů vinutí elektrických strojů je jednou z prvních zkoušek, kterou provádíme na vyrobeném stroji. Účelem měření je srovnání naměřených hodnot s hodnotami udanými výpočtovou kanceláří, odkrytí eventuální chyby v zapojení a použití naměřených hodnot k dalším měřením a výpočtům.

Odpory vinutí lze stanovit přímo pomocí odporových můstků (na př. Omega I, II, III) nebo Ohmovou voltampérovou methodou, které se používá běžně ve zkušebnách pro její velkou přesnost, spolehlivost a jednoduchost. Na obr. 24 je základní schema zapojení pro měření malých odporů (do 10 až 30 ohmů), na obr. 25 větších odporů.

Odpor se vždy měří na stroji s ustálenou teplotou, neboť je na ní závislá velikost odporu[1]). Nesmí tedy být proud I při měření příliš velký, aby se vinutí během vlastního měření neohřívalo. Jeho velikost se má zhruba pohybovat mezi $^1/_{10}$ až $^1/_5$ jmenovitého proudu vinutí.

---

1) Viz tabulku 6 oteplení pro poměr odporů $\frac{R_2}{R_1}$.

Tabulka 6. Oteplení $\Delta\vartheta$ měděného a hliníkového

$\frac{R_2}{R_1}\downarrow$	10	12	14	16	18	20	22	24
1,02	4,9	4,9	5,0	5,0	5,1	5,1	5,1	5,2
1,04	9,8	9,9	10,0	10,0	10,1	10,2	10,3	10 4
1,06	14,7	14,8	14,9	15,1	15,2	15,3	15,4	15,5
1,08	19,6	19,8	19,9	20,1	20,2	20,4	20,6	20,7
1,10	24,5	24,7	24,9	25,1	25,3	25,5	25,7	25,9
1,12	29,4	29,6	29,9	30,1	30,4	30,6	30,8	31,1
1,14	34,3	34,6	34,9	35,1	35,4	35,7	36,0	36,3
1,16	39,2	39,5	39,8	40,2	40,5	40,8	41,1	41,4
1,18	44,1	44,5	44,8	45,2	45,5	45,9	46,3	46,6
1,20	49	49,4	49,8	50,2	50,6	51,0	51,4	51,8
1,22	53,9	54,3	54,8	55,2	55,7	56,1	56,6	57,0
1,24	58,8	59,3	59,8	60,2	60,7	61,2	61,7	62,2
1,26	63,7	64,2	64,7	65,3	65,8	66,3	66,8	67,3
1,28	68,6	69,2	69,7	70,3	70,8	71,4	72,0	72,5
1,30	73,5	74,1	74,7	75,3	75,9	76,5	77,1	77,7
1,32	78,4	79,0	79,7	80,3	81	81,6	82,2	82,9
1,34	83,3	84,0	84,7	85,3	86	86,7	87,4	88,1
1,36	88,2	88,9	89,6	90,4	91,1	91,8	92,5	93,2
1,38	93,1	93,9	94,6	95,4	96,1	96,9	97,7	98,4
1,40	98,0	98,8	99,6	100,4	101,2	102,0	102,8	103,6
1,42	102,9	103,7	104,6	105,4	106,3	107,1	107,9	108,8
1,44	107,8	108,7	109,6	110,4	111,3	112,2	113,1	114,0
1,46	112,7	113,6	114,5	115,5	116,4	117,3	118,2	119,1
1,48	117,6	118,6	119,5	120,5	121,4	122,4	123,4	124,3
1,50	122,5	123,5	124,5	125,5	126;5	127,5	128,5	129,5

vinutí určená z poměru odporů $\frac{R_2}{R_1}$

26	28	30	32	34
5,2	5,3	5,3	5,3	5,4
10,4	10,5	10,6	10,7	10,8
15,7	15,8	15,9	16,0	16,1
20,9	21,0	21,2	21,4	21,5
26,1	26,3	26,5	26,7	26,9
31,3	31,6	31,8	32	32,3
36,5	36,8	37,1	37,4	37,7
41,8	42,1	42,4	42,7	43,0
47,0	47,3	47,7	48,1	48,4
52,2	52,6	53	53,4	53,8
57,4	57,9	58,3	58,7	59,2
62,6	63,1	63,6	64,1	64,6
67,9	68,4	68,9	69,4	69,9
73,1	73,6	74,2	74,8	75,3
78,3	78,9	79,5	80,1	80,7
83,5	84,2	84,8	85,4	86,1
88,7	89,4	90,1	90,8	91,5
94,0	94,7	95,4	96,1	96,8
99,2	99,9	100,7	101,5	102,2
104,4	105,2	106,0	106,8	107,6
109,6	110,5	111,3	112,1	113
114,8	115,7	116,6	117,5	118,4
120,1	121,0	121,9	122,8	123,7
125,3	126,2	127,2	128,2	129,1
130,5	131,5	132,5	133,5	134,5

← Teplota studeného vinutí ϑ_1 °C

Oteplení vinutí:

$$\Delta\vartheta = \frac{R_2 - R_1}{R_1}(235 + \vartheta_1)$$

kde: R_1 je odpor studeného vinutí při teplotě ϑ_1 °C,

R_2 odpor vinutí v teplém stavu po oteplovací zkoušce.

Vzorec platí za předpokladu, že teplota okolí ϑ_0 je ve studeném i teplém stavu stejná a že: $\vartheta_0 = \vartheta_1$. Jinak nutno k $\Delta\vartheta$ připočíst rozdíl $(\vartheta_1 - \vartheta_0)$.

Nastaví se regulačním odporem R, který je zapojen do serie s baterií B a měřeným vinutím R_x.

Velikost měřeného odporu R_x vypočteme z Ohmova zákona:

$$R_x = \frac{U}{I} \qquad [\Omega; \text{V}, \text{A}]$$

Při velmi přesných měřeních je třeba při výpočtu odporu přihlížet k vlastní spotřebě měřicích přístrojů.

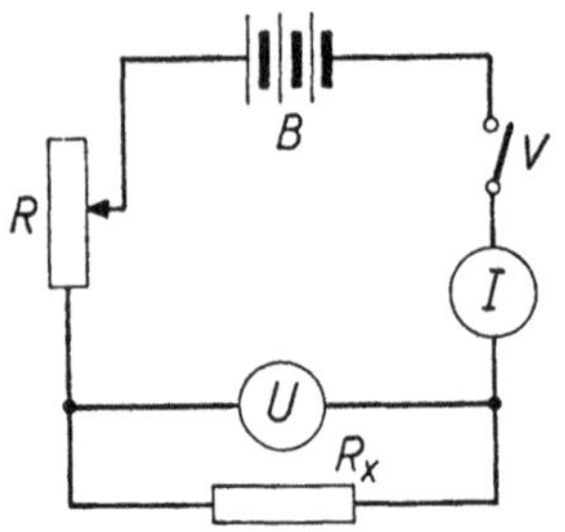

Obr. *24*. Měření malých odporů

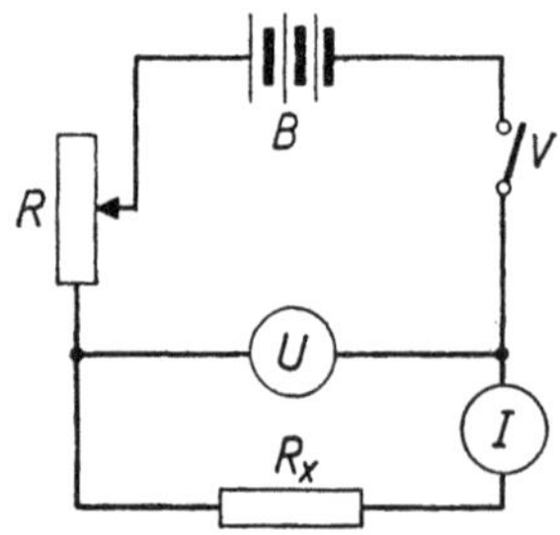

Obr. *25*. Měření větších odporů

Při měření malých odporů (obr. 24) se vypočte odpor R_x ze vztahu

$$R_x = \frac{U}{I - \frac{U}{R_V}}$$

kde R_V je odpor voltmetru.

Při měření větších odporů (obr. 25)

$$R_x = \frac{U - R_A I}{I}$$

kde R_A je odpor ampérmetru.

Zápis o měření odporů je nutno vždy doplnit údajem teploty vinutí a okolí. Teplota vinutí ϑ_1 (čti théta jedna) se měří rtuťovým teploměrem vloženým do čel vinutí. Podle Předpisů ESČ 1950 § 5215 přepočítáváme naměřený odpor R_ϑ měděného vinutí při teplotě ϑ_1 na teplotu 20 °C podle vzorce

$$R_{20} = R_\vartheta \frac{235 + 20}{235 + \vartheta_1} = R_\vartheta \frac{255}{235 + \vartheta_1}$$

Počítáme-li ztráty v měděném vinutí z odporu naměřeného za studena, je nutno odpor R_{20} přepočítat na teplotu 75 °C podle vzorce

$$R_{75} = R_{20} \frac{235 + 75}{235 + 20} = R_{20} \frac{310}{255} \doteq 1{,}216\, R_{20}$$

Pro hliníkové vinutí se v literatuře uvádějí vzorce s konstantou v rozmezích 230 až 245. Podle našich norem se bere pro měď i hliník stejná konstanta.

Při měření odporu vinutí se značnou indukčností je nutno zachovat tento postup:

Před zapnutím vypinače V se zkontroluje, zda je voltmetr U odpojen. Pak zapneme vypinač V a odporem R nastavíme požadovanou hodnotu proudu I. Teprve potom připojíme voltmetr U zapojený na největší rozsah, abychom zamezili poškození přístroje. Rozsah voltmetru nastavíme podle potřeby se zřetelem na snadné a přesné čtení. Měření provádíme vždy pro dvě až tři různé velikosti proudu I (na př. 80, 100, 120 dílků na stupnici ampérmetru) a z vypočtených hodnot bereme pro další výpočty střední hodnotu. Při každé změně proudu I odpojujeme voltmetr, právě tak před vypnutím vypinače. Vinutí elektrických strojů mívá velkou indukčnost, na př. vinutí magnetů a transformátorů, takže se při rychlé změně proudu indukuje ve vinutí poměrně velké napětí, které by mohlo poškodit voltmetr. Měření provádějí obyčejně dvě osoby, jedna reguluje proud a čte ampérmetr, druhá čte voltmetr a zapisuje naměřené hodnoty. Čtení voltmetru a ampérmetru je nutno konat současně na povel.

19. ISOLAČNÍ PEVNOST, ISOLAČNÍ ODPOR A VYSOUŠENÍ VINUTÍ

Vinutí a vodiče elektrických strojů jsou navzájem odisolovány od sebe a jako celek proti kostře, na př. v drážce, isolanty buď pevnými (tvrzený papír, lepenka, slídové výrobky, lakované tkaniny, porcelán, asbest a pod.), nebo tekutými (transformátorový olej).

1. Isolační pevnost

Isolace elektrických strojů je za provozu namáhána:

a) trvale provozním napětím,

b) krátkodobě přepětím s kmitočtem několika set kilocyklů, nebo elektrickým rázem (vlnou), jehož čelo trvá nejvýše několik miliontin vteřiny (mikrosekund) a která může mít kladnou nebo zápornou polaritu. Přechodné jevy, vzniklé při manipulacích nebo poruchách v sítích, vyvolávají přepětí jednak s kmitočtem sítě, jednak s vlastním kmitočtem obvodu. Obdobná přepětí se objevují při zapnutí a vypnutí elektrického stroje nebo kabelu a při přerušovaném zemním spojení. Krátkodobá přepětí vznikají při přímém nebo nepřímém úderu blesku a mají charakter t. zv. napěťové vlny.

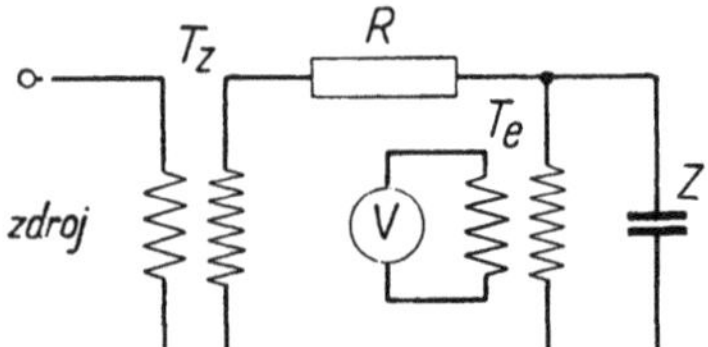

Obr. 26. Schema zapojení zkušebního zařízení pro zkoušku napětím z cizího zdroje

Tabulka 7. Efektivní hodnoty střídavého zkušebního napětí $U_{zkuš}$ pro zkoušku elektrické pevnosti vinutí přiloženým napětím Výňatek z norem ČSN 35 0000 a ČSN 35 0012

Bod	Druh stroje nebo jeho části	Zkušební napětí $U_{zkuš}$ [1] (U je jmen. napětí na štítku)
1	Stroje pod 1 kW nebo 1 kVA [4]	0,5 kV + 2*U*
2	Stroje od 1 kW nebo 1 kVA [2] do 10 MW nebo 10 MVA [3] [4]	1 kV + 2*U* nejméně však 1,5 kV
3	Stroje [2] [3] od 10 MW nebo MVA výše při *U* do 2 kV při *U* od 2 do 6 kV při *U* od 6 do 16,5 kV při *U* od 16,5 kV výše	 1 kV + 2*U* 2,5*U* 3 kV + 2*U* podle ujednání
4	Vinutí cizího buzení stejnosměrných strojů	1 kV + 2krát budicí napětí při jmenovitém výkonu, nejméně však 1,5 kV
5	Vinutí magnetů alternátorů	10krát budicí napětí při jmenovitém výkonu, nejméně však 1,5 kV, nejvýše 3,5 kV

Bod	Druh stroje nebo jeho části	Zkušební napětí $U_{zkuš}$ [1]) (U je jmenovité napětí na štítku)
6	Vinutí magnetů synchronních motorů, kompensátorů a konvertorů	
	a) spouštějí-li se s vinutím magnetů nakrátko neb uzavřeným kotvou budiče, nebo spouštějí-li se se střídavým vinutím nezatíženým	1 kV + 2krát budicí napětí při jmenovitém výkonu, nejméně však 1,5 kV
	b) spouštějí-li se buď s odporem v serii s vinutím magnetů, nebo s vinutím magnetů otevřeným, buď rozděleným anebo nerozděleným na isolované části	1 kV + 2krát největší hodnota efektivního napětí, která může vzniknout při podmínkách stanoveného spouštění mezi svorkami vinutí magnetů, nebo v případě děleného vinutí magnetů mezi svorkami kterékoliv části, nejméně však 1,5 kV
7	Vinutí sekundární (zpravidla na rotoru) asynchronních motorů nebo synchronovaných asynchronních motorů, nespojená trvale nakrátko	
	a) motorů nevratných nebo s obracením chodu za klidu	1 kV + 2krát největší hodnota napětí, jež může vzniknout ve vinutí při jmenovitém napětí primárního vinutí
	b) motorů vratných s přepínáním primárního napájení za chodu	1 kV + 4krát největší hodnota napětí, jež může vzniknout ve vinutí

Bod	Druh stroje nebo jeho části	Zkušební napětí $U_{zkuš}$ [1]) (U je jmenovité napětí na štítku)
8	Budiče (kromě výjimek 1 a 2)	jako u vinutí jimi buzených
	Výjimka 1: Budiče synchronních motorů (i synchronovaných asynchronních motorů), pokud jsou uzemněny nebo mají odpojeno vinutí magnetů při spouštění	1 kV + 2krát jmenovité napětí budiče, nejméně však 1,5 kV
	Výjimka 2: Vinutí cizího buzení budičů	jako v bodě 4
9	Soustrojí a skupiny strojů	Zkouší-li se skupina několika nových strojů a přístrojů spolu spojených, z nichž se každý již podrobil zkoušce elektrické pevnosti, nesmí zkušební napětí překročit 85 % nejnižšího zkušebního napětí jednotlivé části zkoušené skupiny
10	Jeřábové motory na stejnosměrný proud	1 kV + 3U
11	Pomocné obvody namontované na stroji (blokovací kontakty, thermočlánky a odporové teploměry, návěstění a podobně) se zkoušejí napětím 1 kV + 2krát napětí pomocného obvodu, nejméně 1,5 kV	

Bod	Druh stroje nebo jeho části	Zkušební napětí $U_{zkuš}$ [1]) (*U* je jmenovité napětí na štítku)
12	Motórky se zkoušejí podle normy ČSN 35 0060	
13	Rotory nakrátko a tlumiče se nemusí zkoušet	

Poznámky:

1. Jsou-li stroje spojeny za sebou, musí každé ze spojených vinutí vydržet proti zemi zkušební napětí, odpovídající nejvyššímu napětí proti zemi, které se může vyskytnout u jednotlivých strojů za provozu.
U dvoufázové soustavy spřažené je jmenovité napětí pro určení zkušebního napětí 1,4násobek napětí každé jednotlivé fáze.

2. Zkouška napětím strojů s odstupňovanou isolací má být předmětem zvláštního ujednání.

3. Opakovat zkoušku napětím na místě určení je možno jen po dohodě sjednané při objednávce. Zkouší se potom napětím $(U + U_{zkuš}) : 2$. Týmž napětím se zkoušejí i opravené stroje.

4. Stroje s výkonem do 20 kW, vyráběné v seriích, u nichž je zkušební napětí menší než 2000 V, mohou se zkoušet buď podle bodů 1, 2 nebo při hromadné kontrole napětím o 20 % větším než při zkoušce minutové podle bodů 1 a 2. a to jednu vteřinu.

Napěťovými zkouškami si ověřujeme, zda je isolace stroje v pořádku:

α) Zkouškou napětím z cizího zdroje po dobu jedné minuty, obvykle napětím $2U_n + 1$ kV, kde U_n je provozní napětí zkoušené části. Neurčují-li předpisy a normy jinak, kontrolujeme isolaci vinutí proti kostře a mezi fázemi. Zkušební napětí se přivádí ze zkušebního transformátoru T_z (obr. 26).

V tabulce 7 a 8 podle normy ČSN 35 00 12 jsou přehledně uvedena střídavá zkušební napětí, ustanovení o zkušebním zařízení a o provádění zkoušek.

β) Zkouškou indukovaným napětím se kontroluje mezizávitová isolace — obvykle u točivých

Tabulka *8*. Zkušební napětí transformátorů s plně isolovaným nulovým bodem

Výňatek z normy ČSN 35 1000

Elektromagnetické stroje netočivé

Jmenovité napětí [kV]	Zkušební napětí rázové [kV]	Zkušební napětí po 1 minutu pro jmenovitý kmitočet [kV]	Zkušební napětí indukované podle jmenovitého napětí většího [kV]
0,22	—	2,2	0,55
0,38	—	2,2	0,95
0,50	—	2,5	1,25
(1)	(45)	(10)	(2,5)
3	45	16	7,5
6	60	22	15
10	75	30	25
15	95	40	35
22	125	54	50
35	170	80	70
(45)	(250)	(95)	(90)
(60)	(325)	(140)	(120)
(80)	(450)	(185)	(160)
110	550	230	220
(150)	(750)	(325)	(300)
220	1050	460	440

Poznámka: Pro transformátory s redukovanou isolací nulového bodu a pro vzduchové transformátory a pro transformátory plněné křemičitým pískem jsou v normě zvláštní tabulky.

strojů vlastním zvýšeným napětím 1,3U_n po dobu 5 minut, u transformátorů zvýšeným přiváděným napětím 2U_n při zvýšeném kmitočtu, na př. při 100 Hz po dobu 30 vteřin.

γ) Zkouškou elektrickým rázem se kontroluje mezizávitová isolace — tvar vlny a velikost napětí určují normy. Provádí se u transformátorů jako typová zkouška. Napodobuje namáhání isolace krátkodobými přepětími. Elektrický ráz se přivádí z rázového generátoru, t. j. z baterie kondensátorů nabíjené stejnosměrným vysokým napětím.

2. Isolační odpor

Měřením isolačního odporu vinutí elektrického stroje proti sobě a mezi jednotlivými vinutími (fázemi) se přesvědčíme, zda není vinutí hrubě poškozeno, proraženo na kostru či jak říkáme na železo, znečištěno anebo navlhlé. Zda je vinutí navlhlé, zjistíme bezpečně teprve ohřátím vinutí — klesá-li isolační odpor prudce se stoupající teplotou a po dosažení nejmenší hodnoty začne opět

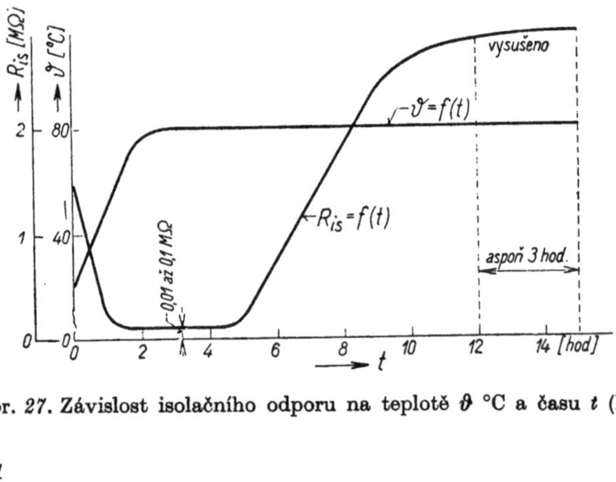

Obr. 27. Závislost isolačního odporu na teplotě ϑ °C a času t (hod)

stoupat až do nejvyšší hodnoty R_{is} (obr. 27). V diagramu vynášíme $R_{is} = f(t)$ [čti: isolační odpor jako funkce času t] a $\vartheta = f(t)$ [čti: teplota théta jako funkce času t]. Ve studeném stavu může být isolační odpor dobrý, ohřátím může klesnout na hodnotu blízkou nule vlivem rozpaření isolace. U velkých strojů může sušení trvat několik dnů.

Velikost naměřeného isolačního odporu R_{is} elektrického stroje záleží dále na druhu použité isolace, způsobu impregnace, velikosti a druhu stroje a na velikosti měřicího napětí. Měří se měřiči isolace, t. zv. induktory (na př. tovární značky Megmet, Megger), v kterých se v malém dynamku otáčením kličkou vyrábí stejnosměrné napětí. Měřiče isolace jsou na 110, 220, 500, 1000, 2500 i 5000 V pro měření velkých transformátorů. Pro malé stroje na nízké napětí se nemá použít měřič isolace na 1000 V a více, neboť je nebezpečí poškození isolace, je-li navlhlá[1]).

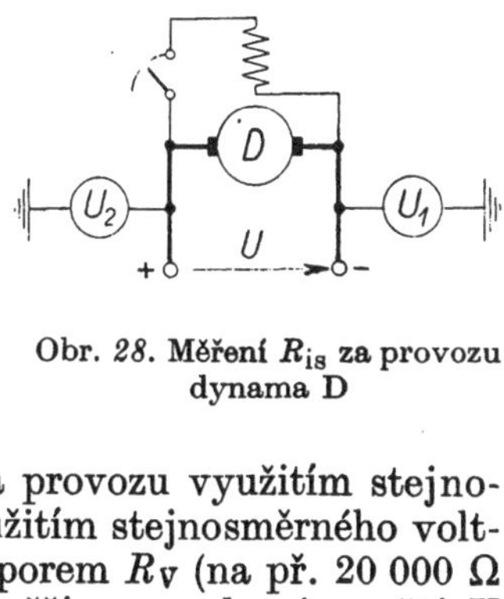

Obr. 28. Měření R_{is} za provozu dynama D

Isolační odpor stejnosměrných vinutí (dynam a rotorů alternátorů počítaje v to budič, reostat a vedení) a celého rozvodu lze měřit v běhu za provozu využitím stejnosměrného napětí stroje a použitím stejnosměrného voltmetru s velkým vnitřním odporem R_V (na př. 20 000 Ω při 150 V) podle obr. 28. Změří se svorkové napětí U a potom napětí jednoho pólu proti zemi U_1, pak druhého U_2. Isolační odpor v ohmech se vypočte ze vzorce

$$R_{is} = R_V \left(\frac{U}{U_1 + U_2} - 1 \right) \qquad [\Omega;\ \Omega,\ V]$$

[1]) 1 megaohm je 1 milion ohmů (1 MΩ = 10^6Ω).

Nejmenší přípustná hodnota isolačního odporu R_{is} stroje 75 °C teplého je dána vzorcem

$$R_{is} \geqq \frac{U_n}{1000 + 0{,}01\,P_n} \quad [\mathrm{M\Omega};\ \mathrm{V},\ \mathrm{kVA}]$$

kde U_n je jmenovité sdružené napětí zkoušeného vinutí ve voltech,

P_n jmenovitý výkon stroje v kVA nebo kW.

Na př. asynchronní motor o výkonu $P_n = 1000$ kW, $U_n = 6000$ V stator, 500 V rotor, musí mít

pro stator

$$R_{is} \geqq \frac{6000}{1000 + 0{,}01 \,.\, 1000} \geqq 5{,}95\ \mathrm{M\Omega}$$

pro rotor

$$R_{is} \geqq \frac{500}{1000 + 0{,}01 \,.\, 1000} \geqq 0{,}495\ \mathrm{M\Omega}$$

Pro stroje menší než 10 000 kW se vzorec zjednoduší na

$$R_{is} \geqq \frac{U_n}{1000} \quad [\mathrm{M\Omega};\ \mathrm{V}]$$

Tedy na př. pro motory 380 V je nejmenší isolační odpor vinutí 75 °C teplého 0,38 MΩ = 380 000 Ω.

Poznámka k měření: Před měřením překontrolujeme, je-li měřič isolace v pořádku, takto:

a) Položíme jej vodorovně na pevnou dřevěnou podložku, ne na železné části.

b) Než připojíme na svorky zkoušené vinutí, točíme rovnoměrně klikou předepsaným počtem otáček (obvykle dvě otáčky za vteřinu) — ručka musí ukazovat nekonečno (∞).

c) Spojíme svorky nakrátko přes špičky měřicích kablíků — ručka musí ukázat nulu.

Teprve potom můžeme přístrojem měřit.

Do zápisu o měření zapíšeme čtený isolační odpor, označení svorek měřeného vinutí (proti zemi či mezi sebou), teplotu vinutí zkoušeného stroje, typ a napětí měřiče isolace, datum, jméno zkoušejícího, místo měření.

3. Vysoušení navlhlé isolace vinutí elektrických strojů lze provést:

a) v sušicí peci s výměnou vzduchu teplého 90 až 110 °C, po případě ve vakuu, voda se potom vypařuje při teplotě nižší než 100 °C;

b) vytápěním elektrickým proudem, na př. u vzduchových transformátorů a u asynchronních motorů v klidu ve spojení nakrátko při sníženém napětí (5 až 25 % štítkového napětí, aby nebyl překročen štítkový proud a dovolená teplota vinutí — nejvýše 80 °C); alternátory a dynama se vysoušejí v běhu ve spojení nakrátko; asynchronní motory možno sušit i stejnosměrným proudem z elektrické svářečky, při čemž jsou na př. všechny fáze statoru spojeny za sebou;

c) chodem naprázdno při postupně zvyšovaném napětí na př. u stejnosměrných a asynchronních motorů, zvláště pokud mají isolaci třídy B (mikafoliovou nebo slídovou);

d) odstřeďováním vody z oleje u transformátorů;

e) indukční methodou — pomocnými závity navinutými kolem kostry stroje a napájenými nízkým střídavým napětím.

Při sušení nesmí nikdy teplota vinutí překročit dovolené hodnoty, t. j. u isolace třídy A : 95 °C, třídy B: 115 °C (viz dále odst. 22). Je nebezpečné zapnout na napětí nový stroj nebo stroj po delší provozní přestávce, aniž se oteplením přesvědčíme, na jakou nejmenší hodnotu klesl isolační odpor. Rozpařená isolace se snadno prorazí zvláště u isolace třídy A (impregnovaná lepenka, olejové plátno a pod.).

Žádná isolace, sebelépe ba ani několikrát impregnovaná, nechrání stroj trvale před navlhnutím, na př. ve vlhkých dolech, prádelnách, v tropickém prostředí a pod. U strojů s uzavřeným (cirkulačním) oběhem vzduchu přes vodní chladič — na př. u turboalternátorů — se musí odvést i vlhkost z čerstvých betonových základů buď srážením na vodním chladiči, nebo použitím vysoušečů s náplní t. zv. silikagelů (blaugelů, t. j. gelovité vysoušecí hmoty, kterou lze ohřátím zbavit pohlcené vody — modrý gel je suchý, růžový je zvlhlý), nebo chloridem vápenatým.

V normě ČSN 35 00 13 jsou uvedeny okolnosti ovlivňující velikost isolačního odporu elektrických strojů a způsoby měření i sušení strojů s nízkým isolačním stavem. Podrobně je tam popsána methoda indukčního sušení ztrátami v rotoru nebo ve statoru.

20. MĚŘENÍ MECHANICKÉHO VÝKONU, ZATĚŽOVÁNÍ, BRZDY

Mechanický výkon na hřídeli malých elektrických motorů do 10 kW a středních elektrických motorů do 100 kW měříme mechanickými nebo elektrickými brzdami, které vytvářejí brzdný moment působící proti momentu měřeného stroje. Brzdný moment M určíme vážením pomocí ramena známé délky l, upevněného na výkyvné části brzdy (obr. 29, 31, 32, 33, 34):

$$M = Ql \qquad [\text{kg*m; kg*, m}]$$

kde Q je údaj váhy při dosažení rovnovážného stavu mezi brzdným a poháněcím momentem. Mechanický výkon na hřídeli vypočteme ze vztahu

$$P = 1{,}027Mn \qquad [\text{W; kg*m, ot/min}]$$

n jsou otáčky za minutu.

M e c h a n i c k ý c h b r z d se používá k zatěžování elektrických motorů poměrně málo. Jsou nehospodárné a při brzdění působí obtíže odvod tepla, ve které se mění mechanická energie.

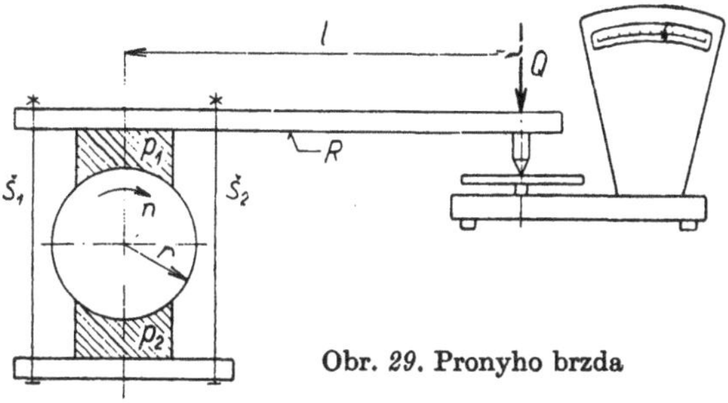

Obr. *29*. Pronyho brzda

Na obr. 29 je znázorněna Pronyho brzda. Skládá se ze dvou dřevěných příložek p_1, p_2; příložka p_2 může být nahrazena pásem s vnitřním brzdovým obložením, na př. ferrodem. Příložky jsou přitlačovány šrouby $Š_1$, $Š_2$ k řemenici. Povolováním nebo přitahováním šroubů lze měnit velikost brzdného momentu. Příložky jsou upevněny na rameni R, které se opírá o automatickou nebo pérovou váhu. Působí-li na kotouči poloměru r síla Q_1 momentem rQ_1, působí proti stejným momentem síla Q na rameni l, neboť musí platit rovnost momentů

$$rQ_1 = lQ = M$$

Tato brzda se hodí pro zkoušení strojů až do výkonu 100 kW a 500 ot/min při dobrém chlazení kotouče a brzdných příložek vodou.

Na podobném principu jsou založeny pásové brzdy (obr. 30). Brzdový kotouč je obepnut konopným lanem nebo tkaným pásem. Jeden konec je zatížen závažím Q_1, druhý je připojen k pérové váze. Brzdný moment M je dán vztahem[1])

$$M = (r_1 + r_2)(Q_1 - Q_2) \quad [\text{kg*m; m, kg*}]$$

Výhodou Pronyho a pásové brzdy je, že ji lze poměrně snadno improvisovat i při montáži nebo při předávání stroje po dokončení montáže na místě určení.

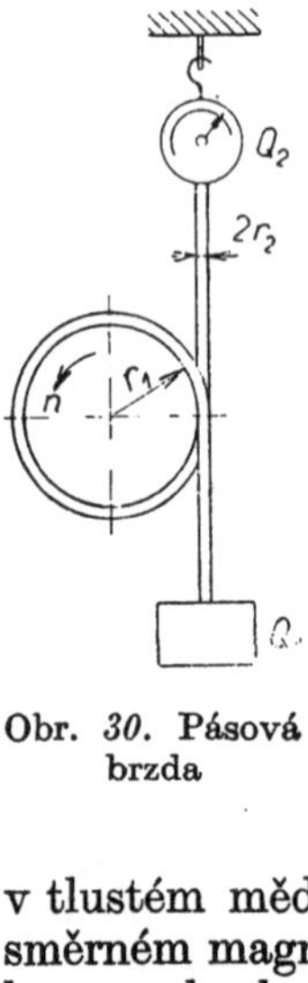

Obr. *30.* Pásová brzda

Hydraulické (kapalinové) brzdy se hodí pro velké rychlosti a větší výkony až do tisíce kW. Jsou to pevné a oběžné lopatky nebo desky, které jsou konstruovány tak, aby pohyb kapaliny byl co nejvíce rozrušován a měnil se v pohyb vířivý. Stator brzdy je výkyvně uložen v ložiskových stojanech k měření brzdného momentu.

Do skupiny elektrických brzd patří elektromagnetická vířivá brzda Pascaliniho (obr. 31, 32). Brzdí se na ní hlavně malé motory do výkonu 5 kW, 3000 ot/min. Přiváděná mechanická energie se mění v tepelnou energii vlivem vířivých proudů, které se indukují v tlustém měděném kotouči *k* otáčejícím se v stejnosměrném magnetickém poli brzdy. Magnetické pole je buzeno kruhovou cívkou *c* upevněnou na výkyvně uloženém statoru *m* brzdy. Na statoru je připevněno rameno R, po kterém se posouvají závaží Q k vyvážení brzdného momentu. Jeho regulace se děje změnou budicího proudu cívky *c* magnetů brzdy. Měřit je třeba rychle, neboť měděný kotouč se otepluje, tím se mění

[1]) Poznámka: kg* značí technickou jednotku pro sílu a váhu na rozdíl od kg pro hmotu (viz odst. 11).

jeho odpor a i brzdný moment. Místo zdlouhavého vyvažování závažím se často používá automatické váhy, která neustále sleduje velikost brzdného momentu a umožňuje jeho rychlé a přesné nastavení.

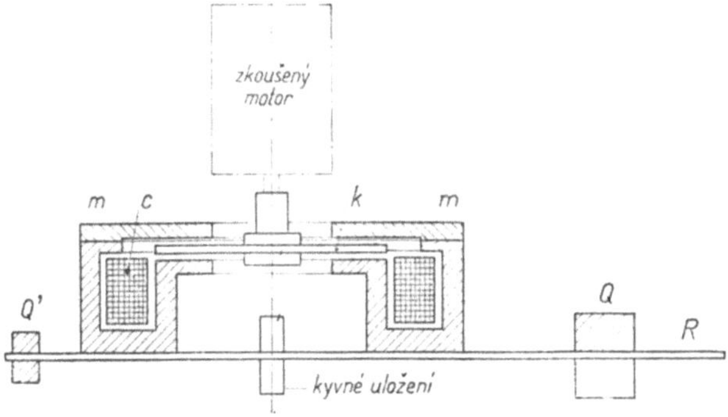

Obr. *31*. Pascaliniho brzda

Měděný kotouč se upevňuje nábojem přímo na hřídel zkoušeného stroje. Zvětší se tím přesnost měření, neboť nejsou přídavné ztráty v ložiskách brzdy. Při přesných měřeních je nutno uvažovat přídavné ventilační ztráty třením kotouče o vzduch. Tyto ztráty brzda neměří, a proto se musí ke změřenému mechanickému výkonu přičíst přídavné ventilační ztráty, určené z korekčních křivek použitého kotouče pro určité otáčky.

Korekční křivky se změří buď z příkonu poháněcího motoru bez kotouče a s kotoučem, nebo malým dynamometrem, který pohání kotouč při vypnutém budicím proudu brzdy.

Místo všech těchto brzd se dnes používá ve zkušebnách raději elektrických d y n a m o m e t r ů, provedených jako stejnosměrné (obr. 33) nebo střídavé stroje

Obr. *32*. Brzdění elektromagnetickou brzdou

(obr. 34). Jejich výkyvně uložený stator umožňuje změřit mechanický výkon či příkon zkoušeného stroje. Lze jich použít nejen jako brzdicího, ale i jako poháněcího stroje. Na rozdíl od mechanických brzd nemění mechanickou energii při brzdění v teplo, ale v elektrickou energii, kterou lze buď ničit v zatěžovacích odporech, nebo rekuperovat (dodávat zpět) do sítě či jí využít k některým speciálním účelům: k topení, nabíjení akumulátorů a pod. Zvláště snadná je rekuperace elektrické energie u střídavých trojfázových komutátorových dynamometrů, neboť nevyžadují pomocné rekuperační zařízení.

Výhodou dynamometrů je, že lze u nich snadno a rychle nastavit brzdný nebo poháněcí moment a že jej dobře drží na rozdíl od mechanických brzd. Kromě toho jsou citlivější a tím i přesnější.

Moment měříme opět pomocí ramena upevněného na výkyvně uloženém statoru dynamometru, které se opírá o automatickou váhu. Ta bývá upravena tak, že ukazuje přímo moment a vhodným mechanickým zařízením

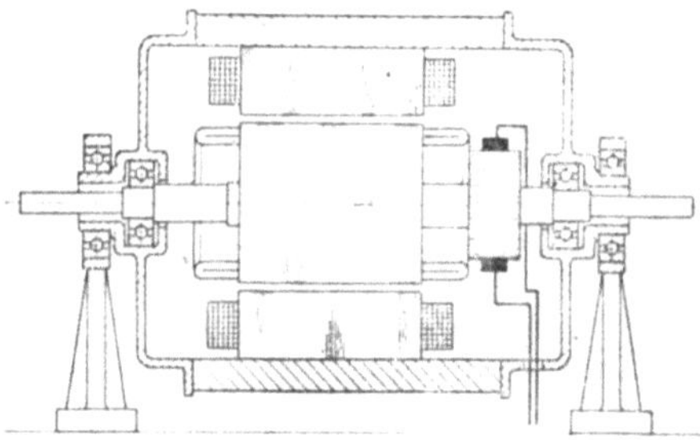

Obr. *33*. Stejnosměrný dynamometr

lze měnit rozsah váhy. Použije-li se obyčejné váhy, vypočte se opět mechanický výkon či příkon ze vztahu

$$P = 1{,}027Mn = 1{,}027Qln \qquad [\mathrm{W};\ \mathrm{kg}^*,\ \mathrm{m},\ \mathrm{ot/min}]$$

P ř e s n o s t určení výkonu či příkonu záleží na přesnosti určení váhy Q pro vyvážený stav, délky ramene l a především na přesnosti měření otáček n a na provedení – citlivosti dynamometru. Před měřením se musí vyvážit rameno a váha dynamometru tak, aby těžiště výkyvně uloženého statoru spočívalo v ose stroje. Délka ramene musí být přesně změřena, ložiska dynamometru dobře udržována a jejich chod pravidelně kontrolován. Při přesných měřeních je třeba přihlížet ke ztrátám třením v ložiskách a ke ztrátám ventilačním v dynamometru, které jsou závislé na otáčkách. Tyto ztráty určujeme jako korekční moment M_k z korekční křivky pro určité otáčky. Korekční křivky se proměřují pomocí cejchovaného malého motoru. Při výpočtu momentu na hřídeli zkoušeného stroje musíme uvážit, zda jde o chod motorový nebo generátorový.

Dynamometr běží jako m o t o r: Stator se vychyluje proti směru točení rotoru. Poháněcí moment M na

Obr. *34*. Brzda se střídavým komutátorovým motorem Schrage 21 až 7 kW, 2160 až 720 ot/min

hřídeli dynamometru, dbáme-li korekčního momentu M_k, je dán vztahem

$$M = M' - M_k$$

kde M' je změřený moment

$$M' = Ql$$

Dynamometr v chodu jako g e n e r á t o r: Stator se vychyluje ve směru točení rotoru. Brzdný moment na hřídeli dynamometru, uvažujeme-li korekční moment, je

$$M = M' + M_k$$

kde opět

$$M' = Ql$$

Se zřetelem na přesnost měření je nutno velmi pečlivě provést montáž dynamometru a jeho spojení se zkoušeným strojem. Spojení se provádí pružnou spojkou po pečlivém vystředění obou strojů pomocí indikátorových hodinek na 0,05 mm. Při nesprávném spojení byla by ložiska namáhána přídavnými silami, které nejsou zahrnuty v korekčních křivkách.

Přesnost určení mechanického výkonu na hřídeli elektrického stroje dynamometrem je 0,5 až 1,5 %, z čehož připadá na přesnost váhy asi 0,1 až 0,3 %, otáčkoměru 0,5 až 1 %.

Dynamometr lze zhotovit vhodnou úpravou z obyčejného stejnosměrného stroje s valivými ložisky. Je třeba odvrtat patky stroje, uložit oba konce stroje (po opracování povrchu štítů u ložisek) v dalších valivých ložiskách na zvláštních stojanech. Na stator se upevní vyvažovací ramena. Provedou se lehce ohebné přívody do statoru. Přesnost a citlivost takto vytvořeného dynamometru není ovšem tak velká, jako u speciálního dynamometru.

Účinnost elektrických strojů určujeme buď **přímo** měřením příkonu P_p a výkonu P, nebo **nepřímo** měřením jednotlivých ztrát a určením celkových ztrát ΔP. Účinnost je dána vztahy

$$\eta = \frac{P}{P_p} 100 = \frac{\text{výkon}}{\text{příkon}} 100 \qquad [\%]$$

pro generátor

$$\eta = \frac{P}{P + \Delta P} 100 = \frac{\text{výkon}}{\text{výkon} + \text{ztráty}} 100 \qquad [\%]$$

pro motor

$$\eta = \frac{P_p - \Delta P}{P_p} 100 = \frac{\text{příkon} - \text{ztráty}}{\text{příkon}} 100 \qquad [\%]$$

U generátoru je užitečným výkon P elektrický, příkon P_p je mechanický. U motoru je užitečným výkon P mechanický, příkon P_p je elektrický.

Normální podmínky a **způsoby určení účinnosti** jsou uvedeny v Předpisech ESČ 1950 § 5500 až 12 a v jednotlivých normách elektrických strojů. Podrobnější návody k určení účinnosti elektrických strojů jsou probrány v příslušné kapitole u každého druhu stroje.

Přímých způsobů určení účinnosti používáme jen u malých a středních strojů, které mají účinnost menší než 80 až 90 %. Přesnost určení účinnosti je 0,5 až 1,5 %. Účinnost stroje lze stanovit:

1. **Brzděním** — elektrický výkon nebo příkon určíme elektrickým měřením na svorkách stroje, mechanický na brzdě nebo dynamometru.

2. **Elektrickým zatížením** — u rotačních měničů, transformátorů a soustrojí přímým měřením

elektrického výkonu a příkonu. Touto methodou lze měřit i jednotlivé stroje, zatěžujeme-li je elektricky strojem známé účinnosti nebo strojem úplně shodným se strojem, který máme měřit (viz 3). Při spojení strojů řemenem nebo ozubeným soukolím je nutno dbát ztrát třením v převodech (1 až 3 %).

3. Úsporné zatížení — vznikne spojením dvou stejných strojů, z nichž jeden pracuje jako motor, druhý jako generátor, takže ze sítě nebo zdroje hradíme jen ztráty vzniklé v obou strojích.

Nepřímé způsoby měření účinnosti dosáhly v elektrotechnice velké přesnosti podrobnou znalostí a rozborem jednotlivých ztrát a jejich poměrně přesným změřením a určením. Této methody se používá zejména u velkých strojů, které mají vysokou účinnost — větší než 90 %, neboť účinnost můžeme v tomto případě určit s přesností větší než 0,5 %. Tak na příklad, určíme-li u stroje s účinností 95 % ztráty s přesností pouze 10 % (ztráty jsou 5 % příkonu, změříme je tedy s přesností ±10 %, t. j. s přesností ±0,5 % příkonu), stanovíme účinnost s přesností asi ±0,5 %. Tak velké přesnosti se stěží u přímých method dosáhne. Aby přesnost určení jednotlivých ztrát byla co největší, musí mít stroj zejména dobře zaběhnutá ložiska a kartáče. Dále je nutno ztráty v mědi vždy přepočítat na teplotu při zatížení nebo na střední teplotu při zatížení (75 °C) určenou předpisy a uvažovat i přídavné ztráty.

U elektrických točivých strojů určujeme tyto ztráty:

1. Ztráty mechanické ΔP_m; t. j. ztráty ventilační, třením v ložiskách, kartáčích a pod. Stanoví se z měření stroje v chodu naprázdno.

2. Ztráty v magnetickém obvodu, krátce říkame ztráty v železe ΔP_{Fe}. Dělíme je na ztráty hysteresní a vířivými proudy. Tyto ztráty vznikají změnou magnetické indukce v magnetickém obvodu a jsou závislé na napětí a otáčkách stroje. Určí se z měření naprázdno.

3. Ztráty v mědi ΔP_{Cu} ve vinutí seriového obvodu (označující se takto, i když je někdy vinutí provedeno z hliníku). Do těchto ztrát jsou zahrnuty ztráty ve vodičích hlavního vinutí, kterým prochází užitečný proud při zatížení, t. j. na př. vinutí kotvy, pomocných pólů, kompensační vinutí a vinutí kompaundních závitů. Určí se výpočtem ze změřeného odporu a zatěžovacího proudu.

4. Ztráty v budicím obvodu ΔP_b a ztráty v regulačním odporu. Stanoví se výpočtem z budicího napětí a budicího proudu potřebného k nabuzení stroje při daném zatížení.

5. Ztráty přechodem na kartáčích ΔP_k na kroužcích nebo komutátoru způsobené zatěžovacím proudem. Určí se výpočtem z úbytku napětí na kartáčích (na grafitových kartáčích 2 V, bronzgrafitových 0,6 V — Předpisy ESČ 1950 § 5512) a zatěžovacího proudu.

6. Ztráty dodatečné (přídavné) ΔP_d; jsou způsobeny skinefektem a vířivými proudy ve vodičích a v magnetických částech stroje. Zvětšují ztráty v mědi a v železe.

Ztráty se zjišťují hlavně pomocí měření naprázdno a nakrátko.

Měření naprázdno a nakrátko se nazývají newattovými zkouškami proto, že při nich není zkoušený stroj zatížen.

Při chodu naprázdno se zjišťují poměry magnetických toků a indukovaných napětí v závislosti na buzení, ztráty v železe, ztráty mechanické a kontroluje se mechanický chod točivých strojů, běžících jako generátor nebo motor.

Při chodu nakrátko zkoumáme rozptylové poměry a reakci vinutí protékaného střídavým proudem. Střídavý proud je i v kotvě stejnosměrných strojů. Měří se ztráty závislé na proudu.

22. OTEPLOVACÍ ZKOUŠKA ŽIVOT ISOLACE

Oteplovací zkouškou zjišťujeme, zda při zatížení nepřekročí oteplení jednotlivých částí stroje hodnoty dovolené Předpisy ESČ 1950 § 5200. Dovolené oteplení, které obdržíme, když od naměřené teploty stroje, odečteme teplotu okolí, se řídí druhem isolačních látek a laků použitých při stavbě stroje. Rozdělení jednotlivých látek podle tepelné odolnosti je uvedeno v Předpisech ESČ § 5195 až 5198. Krajní dovolená oteplení jsou různá, viz § 5200 až 9 podle druhu strojů (turboalternátory, motory otevřené či zavřené, transformátory a j.), a podle částí stroje (vinutí budicí či kotvy, tlumiče, magnetický obvod, komutátor či kroužky, ložiska a pod.). [Přehled dovolených oteplení viz tab. 9 a 10.]

Pro isolaci třídy A (bavlna, hedvábí, papír nebo podobně, organické látky napouštěné nebo trvale ponořené v oleji, též smalt) se pohybují dovolené hodnoty oteplení měřené z přírůstku odporu vinutí v mezích 60 až 65 °C, měřené teploměrem 55 až 60 °C.

Pro isolaci třídy B (slída, asbest a jiné neorganické látky a jejich složeniny odolávající vyšší teplotě a spojené lepidlem nebo malým množstvím spojovací látky A tak, že isolují a mechanicky vyhovují, i když se spojovací látka poruší) se pohybují dovolené hodnoty oteplení měřené z přírůstku odporu či sondou v mezích 70 až 90 °C, měřené teploměrem mezi 70 až 80 °C.

Pro komutátory a kroužky je dovolené oteplení 55 °C, pro ložiska 45 °C. Pro krajní dovolená oteplení neplatí žádné tolerance právě tak, jako pro výkon. Velikost dovoleného oteplení je volena podle zkušeností a zkoušek tak, aby život isolace neklesl při plném výkonu a nejvyšší teplotě okolí 35 °C pod 10 roků. Je-li žádána delší doba života isolace, při čemž je nejvyššího dovoleného oteplení v provozu dosaženo trvale, doporučuje se dovolené oteplení snížit o 5 °C, než jak je uvedeno v Předpisech ESČ. To je nutno udat již při objednávce a uvážit při výpočtu a konstrukci stroje.

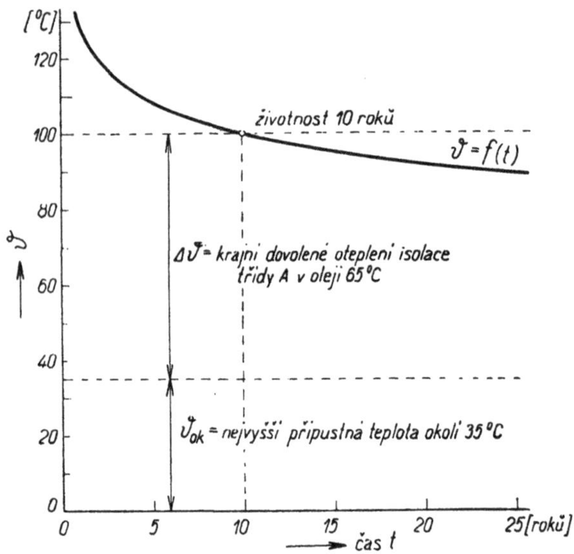

Obr. *35*. Životnost papírové isolace v oleji

Na obr. 35 je diagram životnosti papírové isolace třídy A v oleji v závislosti na teplotě. Je vidět, že se vzrůstající teplotou rychle klesá doba života isolace. Aby život papírové isolace neklesl pod 10 roků, nesmí se zahřát více než na 100 °C. Tomu odpovídá při nejvyšší přípustné teplotě okolí 35 °C přípustné krajní oteplení 65 °C, což se shoduje s hodnotou dovolenou pro vinutí transformátorů v oleji.

Tabulka *9*. Dovolená oteplení točivých elektrických strojů

Výňatek z normy ČSN 35 000[1]) [2]) [3]) [13]) [14]) [15])

Bod	Vinutí nebo části strojů	Isolace třídy A				Isolace třídy B			
		Oteplení [°C] měřené[4])							
		teploměrem[5])	odporem[5])	sondou[6]) mezi cívkami v drážce	sondou[6]) mezi cívkou a drážkou	teploměrem[5])	odporem[5])	sondou[6]) mezi cívkami v drážce	sondou[6]) mezi cívkou a drážkou
1	Vinutí na střídavý proud a) Turboalternátory na 5 MVA a více b) Stroje s vyniklými póly a asynchronní stroje na 5 MVA a více, nebo stroje s délkou železného jádra 1 m a více	—	[7]) 60	60	[8]) [9]) 55	—	[7]) 80	80	[8]) [9]) 70
	c) Všechny turbostroje menší než podle 1a) d) Všechny stroje menší než podle 1b) a jiné než podle 1c)	[8]) 55	60	[6]) —	[6]) —	[8]) 70	80	[6]) —	[6]) —
	e) Motory zavřené	60	65	—	—	80	85	—	—

Bod	Vinutí nebo části strojů	Isolace třídy A				Isolace třídy B			
		Oteplení [°C] měřené[4])							
		teploměrem[5])	odporem[5])	sondou[6]) mezi cívkami v drážce	sondou[6]) mezi cívkou a drážkou	teploměrem[5])	odporem[5])	sondou[6]) mezi cívkami v drážce	sondou[6]) mezi cívkou a drážkou
2	Budicí vinutí								
	a) Turbostroje	—	60	—	—	—	90	—	—
	b) Střídavé a stejnosměrné stroje a jiné stroje než podle 2a) a 2c)	55	60	—	—	70	80	—	—
	c) Vinutí s malým odporem s jednou nebo několika vrstvami a vinutí kompensační	60	65	—	—	80	85	—	—
3	Vinutí kotev spojená s komutátory	55	60	—	—	70	80	—	—
4	Isolované vinutí velkých strojů trvale spojené nakrátko	65	—	—	—	85	—	—	—

Pokračování tabulky 9

Bod	Vinutí nebo části strojů	Oteplení [°C]
5	Neisolované vinutí trvale spojené nakrátko	Tyto části se nesmějí nikdy tak oteplit, že by vzniklo nebezpečné poškození isolace nebo jiného materiálu v sousedství
6	Plechy a jiné části a) které se nestýkají s vinutím	
	b) které se stýkají s vinutím	Hodnoty podle druhu isolace vinutí 60 °C pro isolaci třídy A, 80 °C pro isolaci třídy B
7	Komutátory a sběrací kroužky v provedení otevřeném nebo krytém[10])	55 °C měřeno teploměrem, 65 °C měřeno thermočlánkem
8	a) Kluzná ložiska a olej v nich, nebo valivá ložiska s obyčejnými tuky	45 °C při teplotě okolí do 35 °C
	b) Valivá ložiska s tuky o bodu skanutí 160 °C	55 °C

Bod	Vinutí nebo části strojů	Oteplení [°C]
9	Impregnované vinutí ze smaltovaného (emailovaného) vodiče nebo pásu zvlášť dobré jakosti[11]), u něhož lak vodiče nebo pásu, impregnační lak a isolace proti kostře a mezi fázemi, po případě i mezi vodiči včetně drážkového klínku, a to po technologickém zpracování jako celek, trvale snesou oteplení[12])	75 °C při teplotě okolí do 35 °C

Poznámky:

1. Použije-li se isolačních materiálů čili isolantů s větší odolností proti teplu než má isolace třídy B, stanoví se hodnoty dovoleného oteplení v technických podmínkách zakázky.

2. Pro isolaci třídy Y (dříve 0, t. j. neimpregnované a nenapouštěné isolanty třídy A) jsou dovolená oteplení o 15 °C nižší než dovolená oteplení pro isolaci třídy A.

3. Pro isolaci třídy C není dovolené oteplení stanoveno.

4. Při krajních odchylkách napětí od jmenovitého podle ustanovení norem (±5 %) je dovolené oteplení o 10 % vyšší.

5. Hodnot oteplení měřených teploměrem a z přírůstku odporu tak, jak jsou udány v této tabulce, nemá se používat pro současnou a vzájemnou kontrolu naměřených hodnot. Má se měřit jen jedním způsobem. Přeje-li si objednatel kromě obvyklého měření oteplení z přírůstku odporu ještě měření teploměrem, pak teploty měřené teploměrem v nejteplejším přístupném místě nesmějí v žádném případě přestoupit 65 °C u vinutí s isolací třídy A a 85 °C u vinutí s isolací třídy B.

6. Sondami lze měřit oteplení i u menších strojů, platí pro ně potom hodnoty oteplení uvedené v bodech *1*a) b).

7. Jen je-li v drážce jedna cívková strana.

8. U střídavých vinutí cele isolovaných na jmenovité napětí přes 11 kV, je dovolené oteplení určené teploměrem nebo sondou mezi cívkou a drážkou o 1,5 °C nižší na každý začatý kV nad 11 kV. Neplatí to pro bod *6*b).
Pro vinutí isolovaná na jmenovité napětí přes 16,5 kV je třeba zvláštního ujednání.

9. Přeje-li si to výrobce, lze u statorů s jednou tyčí v drážce měřit oteplení na mědi uvnitř isolační trubky; pak je dovolené oteplení 65 °C pro isolaci třídy A a 85 °C pro isolaci třídy B.

10. Dovolené oteplení komutátorů a sběracích kroužků se smí překročit, splní-li se všechny tyto podmínky:

a) oteplení isolací komutátorů a přilehlých vinutí nepřekročí hodnoty dovolené pro isolaci těchto částí,

b) výrobce se zvlášť zaručí, že se vyšší teplotou nezhorší komutace,

c) oteplení nebude ohrožovat jakost spojů ani spájených míst.

Proto se v takových případech dovoluje oteplení komutátorů, měřené teploměrem, přímo spojených s vinutím isolace třídy A: 60 °C, třídy B: 80 °C, oteplení sběracích kroužků spojených s vinutím isolace třídy A: 70 °C, třídy B: 90 °C.

11. Smaltované (emailované) vodiče patří jinak do třídy isolace A.

12. Zkouší se při umělém stárnutí na modelu nebo hotovém stroji jako prototypová zkouška, na př. po dobu 28 dnů při 145 ± 2 °C. Podrobnosti zkoušek, na př. mechanické a klimatické namáhání a podobně, jsou v dílčí normě příslušného druhu stroje.

13. Pro stroje určené pro práci v místech, kde je teplota okolí vyšší, na př. též v malých místnostech s nedostatečným větráním či v blízkosti zdrojů tepla a pod., sníží se dovolené oteplení takto:

o 5 °C, když teplota chladicího vzduchu nebo vstupu chladiva převyšuje normální hodnotu o 5 °C nebo méně,

o 10 °C, když teplota chladicího vzduchu nebo vstupu chladiva převyšuje normální hodnotu více než o 5 °C, nejvýše však o 10 °C,

o hodnotu stanovenou společnou dohodou, převyšuje-li teplota vstupu chladiva normální hodnotu více než o 10 °C.

Tato snížení platí pro isolaci třídy A i B a vztahují se na zkoušky provedené ve zkušebně výrobce.

14. Pro stroje, které budou pracovat v nadmořské výšce nad 1000 m do 4000 m, je dovolené oteplení o 1 % nižší na každých začatých 100 m nad 1000 m, když zkouška oteplení se dělá ve výšce do 1000 m.
Toto ustanovení se nevztahuje na stroje s chlazením s oběhem vzduchu nebo chladiva, u nichž tlak ve ventilačním okruhu se udržuje stálý, nezávislý na výšce umístění stroje.

15. Způsoby měření oteplení části strojů a teploty okolí jsou v normě ČSN 35 0010.

Tabulka *10*. Dovolená oteplení netočivých strojů

Výňatek z normy ČSN 35 1000[3]) [4]) [5]) [6])

Bod	Vinutí nebo část stroje	Isolace třídy A	Isolace třídy B
1	Vinutí		
	a) chlazené jen vzduchem	60 °C [2])	80 °C
	b) v oleji chlazeném		
	přirozeně	65 °C [1])	65 °C [1])
	větráním nádoby nebo radiátorů	65 °C [1])	65 °C [1])
	vodou, po případě olejem v hadech ve společné nádobě s transformátorem	65 °C [1])	65 °C [1])
	c) v oleji s nuceným oběhem oleje, při čemž se olej chladí ve zvláštních chladičích mimo nádobu	70 °C	70 °C
	d) v křemičitém písku	60 °C	80 °C
	e) neisolované a isolované porcelánem, sklem a podobně	Neomezená teplota, nepoškozuje-li spoje, sousední vinutí nebo olej	

Bod	Vinutí nebo část stroje	Isolace třídy A	Isolace třídy B
2	Plechy na vzduchu, v oleji nebo v křemičitém písku		
	a) stýkají-li se s vinutím	Stejná teplota jako má vinutí uložené v nich nebo na nich	
	b) nestýkají-li se s vinutím	80 °C, pokud se mezi plechy používá isolace třídy A. Teplota může být vyšší pro látky isolace třídy B nebo jim rovnocenné, nikoli však tak, aby vzniklo nebezpečí, že se poškodí isolace nebo jiný materiál v sousedství	
3	Olej	60 °C	60 °C

Poznámky:

1. Přechodně se povoluje 70 °C ve shodě s normami GOST.
2. Pro isolaci Y (dříve 0) se snižují hodnoty o 15 °C.
3. U transformátorů pro hlubinné doly se snižují dovolené hodnoty o 5 °C.
4. Pro průměrné denní teploty okolí (vzduchu) vyšší než 25 °C, případně chladiva vyšší než 25 °C, snižují se hodnoty oteplení tak, aby se nepřekročila krajní dovolená teplota určená v tabulce.
5. U transformátorů chlazených přirozeně vzduchem nebo ventilátorem v nadmořské výšce od 1000 do 4000 m, snižují se dovolená oteplení vždy na každých začatých 100 m nad 1000 m takto:
   pro chlazení olejové přirozené 0,4 % dovoleného oteplení
   pro chlazení vzduchové přirozené 0,5 % dovoleného oteplení
   pro chlazení olejové s ventilátorem 0,6 % dovoleného oteplení
   pro chlazení vzduchové s ventilátorem 1 % dovoleného oteplení
6. Dovolené hodnoty oteplení se zvyšují o 10 °C pro transformátory spouštěcí s chlazením vzduchovým, přirozeným olejovým a olejovým s ventilátorem.

Úkolem oteplovací zkoušky je stanovit oteplení části stroje při jmenovité výkonnosti, t. j. při jmenovitém napětí, proudu a otáčkách. Z oteplovací zkoušky dále zjišťujeme, o kolik můžeme zvýšit jmenovitý výkon, aniž překročíme dovolené oteplení. Oteplením $\Delta\vartheta$ rozumíme rozdíl teploty stroje ϑ a teploty okolí ϑ_0, která nemá být větší než 35 °C. Je-li teplota okolí vyšší, snižují se dovolená oteplení o tolik °C, o kolik je teplota okolí vyšší než 35 °C. Konečné oteplení stroje je oteplení v ustáleném stavu, kdy teplota stroje se již nezvyšuje. Oteplovací zkoušku považujeme za skončenou, nestoupá-li teplota o více než 2 °C za hodinu při stálé teplotě okolí. Protože se u uzavřených strojů ustaluje teplota

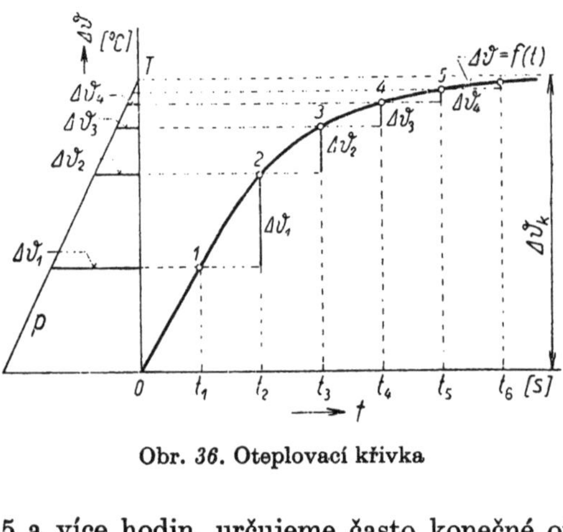

Obr. 36. Oteplovací křivka

až za 5 a více hodin, určujeme často konečné oteplení stroje z oteplovací křivky graficky, jak je znázorněno na obr. 36.

Během oteplovací zkoušky čteme v pravidelných obdobích, na př. 5, 10 až 15 minut, teplotu stroje nebo jeho pozorované části (vinutí, oleje, vzduchu a pod.). Vyneseme-li oteplení $\Delta\vartheta$ °C jako funkci času, obdržíme oteplovací křivku. Naneseme-li rozdíly oteplení $\Delta\vartheta_1$ mezi body *1* a *2* křivky, $\Delta\vartheta_2$ mezi body *2* a *3*, $\Delta\vartheta_3$ mezi *3* a *4*, atd. jako úseky na vodorovné přímky vedené z bodů *1*, *2*, *3* od svislé osy vlevo, obdržíme spojením jejich koncových bodů přímku *p*, která protne svislou osu v bodě T. Tento bod T určuje konečné oteplení $\Delta\vartheta_k$ měřené části stroje.

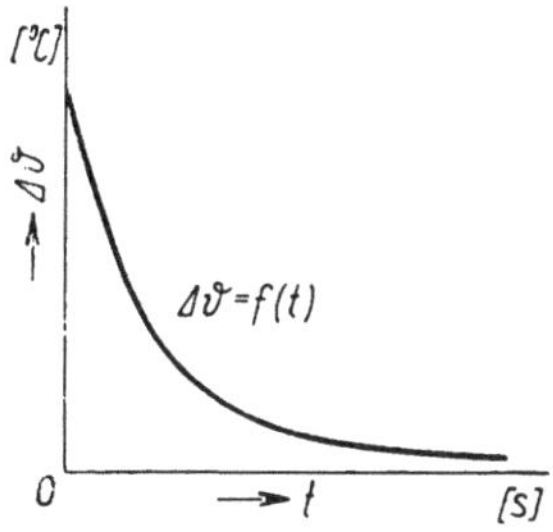

Obr. *37*. Ochlazovací křivka

Oteplení stroje pro přerušovaný chod se musí kontrolovat napodobeným přerušovaným zatížením až do ustáleného stavu. Popsaným diagramem (obr. 36) nelze v tomto případě stanovit maximální oteplení. Pro přerušovaný chod je důležitá ochlazovací křivka stroje, která je znázorněna na obr. 37. Má opět exponenciální průběh.

U velkých strojů nebývá oteplení při jmenovitém zatížení obyčejně na zkušebně možné. V těchto případech se dělá oteplovací zkouška při jmenovitém proudu a sníženém napětí, nebo ve spojení nakrátko. U otevřených strojů oteplení vinutí dosáhne téměř stejné velikosti jako při zatěžování jmenovitými hodnotami. Oteplení železa je však podstatně nižší vlivem menších ztrát v železe. Proto se obyčejně dělají dvě zkoušky. Jedna zkouška v chodu nakrátko s jmenovitým proudem, druhá v chodu naprázdno s jmenovitým napětím. Oteplení dosažené při obou zkouškách se sečtou, čímž se obdrží dostatečně přesné výsledné oteplení. Tato methoda dává v praxi zcela vyhovující výsledky. Výsledné oteplení bývá jen o několik stupňů vyšší, než je správná hodnota.

U točivých strojů je tato chyba způsobena tím, že oteplení mechanickými ztrátami počítáme dvakrát a přídavné ztráty v chodu nakrátko jsou větší než ve skutečnosti.

T e p l o t a l o ž i s e k závisí velmi značně na jejich zaběhání a stavu, druhu použitého oleje, na zatížení a oteplení ostatních částí stroje, na tahu řemenu a pod. Oteplení ložisek lze měřit buď teploměrem nebo sondou v oleji, nebo nejlépe přímo v ložiskové pánvi — je-li přístupná.

M ě ř e n í t e p l o t y. Podle Předpisů ESČ § 5211 až 5224 můžeme měřit teplotu jednotlivých částí stroje teploměrem, odporovou methodou nebo sondami — odporovými články a thermoelektrickými články.

Teploměry měříme teplotu na povrchu jednotlivých částí stroje — kostry, statorového vinutí, ložisek, komutátoru, teplotu chladicího vzduchu, okolí a pod. Měříme teploměry rtuťovými s malým obsahem rtuti, aby dosáhly brzy správné hodnoty teploty měřené části. Normy předpisují lihové a toluolové teploměry při měření části stroje v proměnném nebo pohybujícím se magnetickém poli, neboť ve rtuti mohou vzniknout vířivé proudy, které by rtuť zahřívaly a teploměr by ukazoval vyšší hodnoty. Další nevýhodou rtuťových teploměrů je, že se při jejich rozbití může dostat rtuť do stroje a způsobit zkrat částí pod napětím a tím i značné poškození stroje. Oteplení strojů měříme nejvýhodněji teploměry plněnými lihem nebo toluolem s rozsahem až do 120 °C, průměru 6 až 8 mm, délky 150 až 250 mm. Vhodné jsou i krátké rtuťové teploměry do 120 °C, dlouhé 120 mm, průměru 5 mm, s rytou stupnicí.

Před měřením je nutno se postarat o dobrý styk teploměru s povrchem měřené části. Dělá se to obvykle tak, že se stopka teploměru s kapalinou obalí staniolem nebo hliníkovou folií a připevní se k povrchu sklenářským tmelem, aby se staniol či folie dobře dotýkala povrchu měřené části. Odvádění tepla vyzařováním a přístupem chladicího vzduchu se zabrání, přikryje-li se měřené místo kouskem vaty nebo plsti. Teploměr je nutno upevnit tak, aby stupnice byla snadno přístupná a dala se dobře číst. Je-li třeba při každém čtení teploměr vyjmout, není zaručen dobrý tepelný styk a měření není přesné.

Při měření teploty vstupujícího a vycházejícího chladicího vzduchu se teploměry zavěšují do ventilačních otvorů kostry zkoušeného stroje pomocí závěsů. U menších strojů, kde jsou malé vzdálenosti, musí se chránit teploměry před vlivem tepla sálajícího z teplých částí stroje.

Určení oteplení odporovou methodou. Tato methoda využívá poznatku, že odpor mědi (hliníku) vzrůstá přímo úměrně s teplotou. Tepelný činitel odporu mědi α je $1/234{,}5 \doteq 1/255$ na 1 °C, hliníku $\alpha = 1/250$ až $1/235$; často se bere shodný činitel pro měď i hliník $1/235$. U vinutí ze železného, mosazného nebo odporového drátu (rozběhové vinutí pomocné fáze jednofázových asynchronních motorů) nelze počítat oteplení z přírůstku odporu, neznáme-li přesně jeho tepelného činitele přírůstku odporu.

Pro výpočet oteplení měděného vinutí použijeme vzorce

$$\Delta\vartheta = \frac{R_2 - R_1}{R_1}(235 + \vartheta_1) + \vartheta_1 - \vartheta_0$$

kde $\Delta\vartheta$ je oteplení vinutí ve °C,

R_2 odpor vinutí v teplém stavu (po oteplovací zkoušce),

R_1 odpor studeného vinutí při teplotě vinutí ϑ_1,

ϑ_0 teplota okolí při měření odporu v teplém stavu.

Předpokládáme-li teplotu vinutí stroje za studena $\vartheta_1 = 20$ °C, lze vzorec pro výpočet oteplení zjednodušit (viz tab. 6) takto:

$$\Delta\vartheta = 255 \frac{R_2 - R_1}{R_1} + 20 - \vartheta_0$$

Měření teploty odporovou methodou během oteplovací zkoušky lze použít pro všechna vinutí napájená stejnosměrným proudem. Odpor vinutí napájených střídavým proudem a kotev stejnosměrných strojů můžeme zpravidla změřit teprve po ukončení oteplovací zkoušky na vypnutém a zastaveném stroji. Vlivem doby dobíhání a doby potřebné k připojení měřicích přístrojů i vlastního měření změní se teplota vinutí a měření je nepřesné. Jde-li o přesné měření, musíme hledat jiné měřicí methody, které dovolují změření teploty v chodu stroje — na př. použitím zabudovaných thermoelektrických článků a podobně.

Při měření odporů používáme voltampérové (Ohmovy) methody pro malé hodnoty odporu (viz odst. 18). Abychom dostali pokud možno přesné výsledky, musí se měřit odpor za studena i za tepla stejnou methodou, na stejných místech a stejnými měřicími přístroji. Nedoporučuje se během měření měnit rozsahy měřicích přístrojů proto, aby chyba měření v obou případech byla stejná, neboť jde o jejich vzájemný poměr. Při zachování těchto podmínek obdržíme přijatelné výsledky i při použití méně přesných přístrojů.

Při měření oteplení odporovou methodou je nutno si uvědomit, že měříme střední oteplení vinutí. Jednotlivé části vinutí (na př. v drážkách) mohou mít oteplení podstatně odlišné (o 5 až 20 °C) od této střední hodnoty.

Teplotu uvnitř vinutí lze měřit *odporovými sondami* nebo *thermoelektrickými články*, které do stroje na příslušná místa vkládáme nebo při výrobě stroje trvale zabudujeme. Nejsou-li vývody sond vyvedeny na svorkovnici, obvykle se po ukončení měření ustřihnou a dobře zaisolují, aby nezpůsobily v provozu poškození stroje.

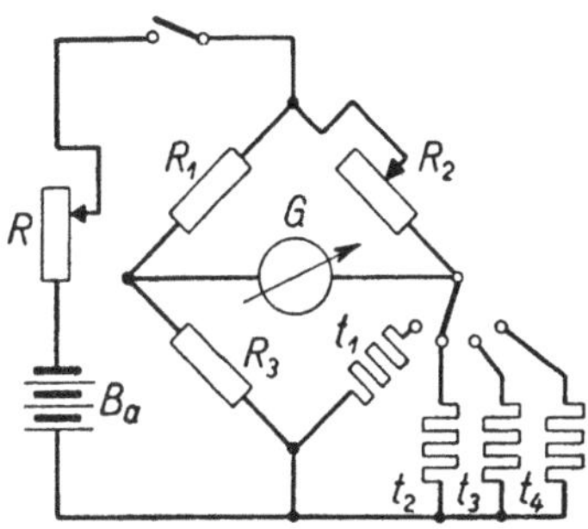

Obr. 38. Zapojení odporových článků t_1, t_2, t_3, t_4

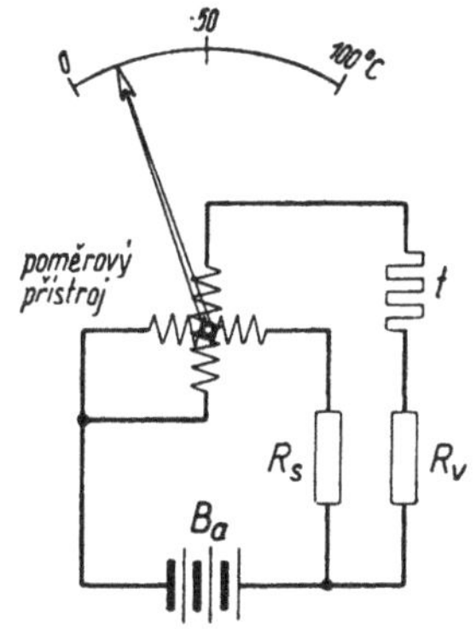

Obr. 39. Odporový teploměr s poměrovým přístrojem

Odporové články jsou vyrobeny z niklového nebo platinového drátku a mají mít odpor alespoň 100 Ω při 20 °C. Přírůstek odporu oteplením zjišťujeme buď můstkem (obr. 38) nebo poměrovým přístrojem (obr. 39), který může být cejchován přímo ve °C.

Měření teploty tepelnými články je založeno na vzniku thermoelektrického napětí zahřátím spájeného místa dvou různých kovů. Obvykle se používá měděného a konstantanového drátu průměru 1 mm (obr. 40). Aby se dosáhlo dobrého tepelného styku spoje drátů s měřeným povrchem, může být k drátům přiletována měděná destička rozměrů 5 × 20 mm. Konce drátů jsou připojeny na citlivý milivoltmetr (na př. 5 m V, 200 Ω), který přímo ukáže rozdíl teploty měřeného místa ϑ a okolí ϑ_0, v němž je umístěn milivoltmetr; ukazuje tedy oteplení $\Delta\vartheta = \vartheta - \vartheta_0$. Při zapojování je nutno dbát, aby během měření nevznikla chyba vlivem přídavných elektromotorických sil. Položíme-li tepelný článek vedle přístroje,

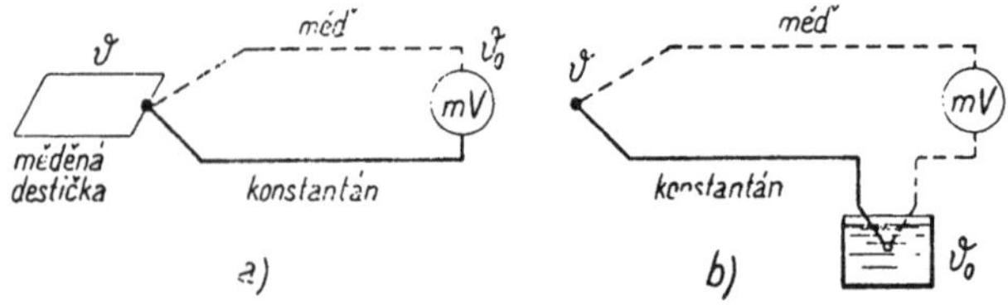

Obr. *40.* Zapojení thermoelektrického článku

má přístroj ukazovat na nulu. Přesnější a jistější je zapojení b) na obr. 40, kde použijeme druhého thermoelektrického článku ponořeného do nádobky s olejem teploty ϑ_0. Nebo se alespoň t. zv. studený konec tepelného článku zavede do thermosky opatřené teploměrem. Tím je zaručeno, že se během měření nebude měnit teplota studeného konce tepelného článku.

23. DOBĚHOVÁ ZKOUŠKA

Doběhovou zkouškou určujeme moment setrvačnosti

$$J = \frac{GD^2}{4\,g} \quad [\text{mkg*s}^2; \text{kg*}, \text{m}^2, \text{m/s}^2]$$

($g = 9{,}81$ m/s² — zemské zrychlení) nebo setrvačný moment GD^2 u motorů i generátorů nebo ztráty a rozdělení ztrát ve stroji.

Při doběhové zkoušce se roztočí samotný stroj nebo celé soustrojí na otáčky o 10 až 20 % vyšší než jmenovité a po vypnutí necháme zkoušený stroj dobíhat buď nabuzený, nebo nenabuzený. V pravidelných intervalech pěti až desetivteřinových měříme otáčky n a vyneseme je do diagramu (obr. 41) v závislosti na čase t. Tím získáme dobíhací křivku $n = f(t)$. U strojů, které mají velmi krátkou dobíhací dobu, měříme otáčky oscilograficky, neboť přepojení otáčkoměru na nižší rozsahy nelze provést dosti rychle a čtení na voltmetru při použití tachometrického dynamka je nepřesné, výchylka ručky se rychle zmenšuje.

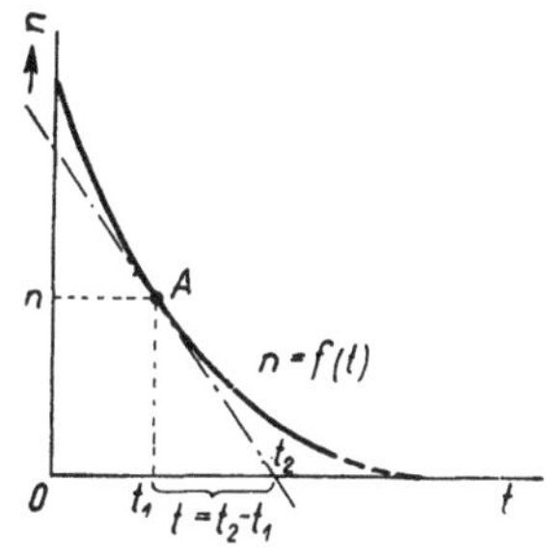

Obr. 41. Dobíhací křivka

Určení setrvačného momentu GD^2 z dobíhací křivky. Dobíhací křivka udává závislost otáček n na čase t pro určité ztráty. V bodě křivky (na příklad A), pro který známe z měření ztráty naprázdno, sestrojíme tečnu a. Směrnice tečny udává velikost $\frac{dn}{dt}$, t. j. velikost malého poklesu otáček dn (čti diferenciál otáček n) za příslušnou krátkou dobu dt (čti diferenciál času t). Známe-li ztráty ΔP při doběhu v bodě A, určíme setrvačný moment GD^2 ze vztahu

$$GD^2 = \frac{365\Delta P}{n\frac{dn}{dt}} = \frac{365\Delta P}{n\frac{n}{t}} = \frac{365\Delta Pt}{n^2} \quad [\text{kg*m}^2;\ \text{W, s, ot/min}]$$

Známe-li z výpočtu nebo z měření pro jiné ztráty setrvačný moment GD^2, můžeme určit z dobíhací křivky ztráty

$$\Delta P = \frac{GD^2n^2}{365t} \quad [\text{W; kg*m}^2\text{, ot/min, s}]$$

Žádá-li se přesné určení setrvačného momentu, změříme ztráty ΔP při několika různých rychlostech. Pak provedeme doběhovou zkoušku, kterou pro kontrolu jednou nebo dvakrát opakujeme a určíme výpočtem GD^2 pro několik bodů dobíhací křivky. Z vypočtených hodnot

Obr. *42*. Anemometr

stanovíme střední hodnotu. Při pečlivém měření a hodnocení výsledků se liší jednotlivé změřené hodnoty setrvačného momentu nejvýše o ± 5 % od střední hodnoty.

Provádí-li se doběhová zkouška celého soustrojí, stanoví se setrvačný moment celého soustrojí. Setrvačný moment zkoušeného stroje dostaneme po odečtení GD^2 stroje s ním spojeného.

Při doběhu se dělí na př. ztráty na:

1. ztráty mechanické,

2. ztráty mechanické a v železe pro určité stálé buzení,

3. ztráty mechanické a ztráty ve vinutí spojeném nakrátko a podobně.

24. MĚŘENÍ VENTILACE, TLAKU A RYCHLOSTI VZDUCHU

Všechny ztráty vznikající v elektrických strojích se mění v teplo, které se odvádí jednak vyzařováním s povrchu stroje, jednak chladicím vzduchem nebo chladicí vodou.

Množství chladicího vzduchu Q [m³/s] u točivých strojů se určuje ze známého průřezu S [m²], kterým proudí měřený vzduch, a ze střední změřené rychlosti vzduchu v [m/s], na př. vrtulkovým anemometrem (obr. 42). Ten ukazuje na počitadle počet otáček vrtule za určitou dobu, který čteme pomocí sto-

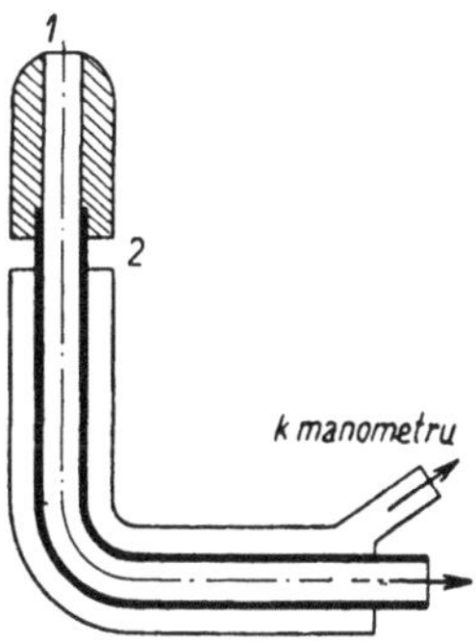

Obr. 43. Prandtlova trubice

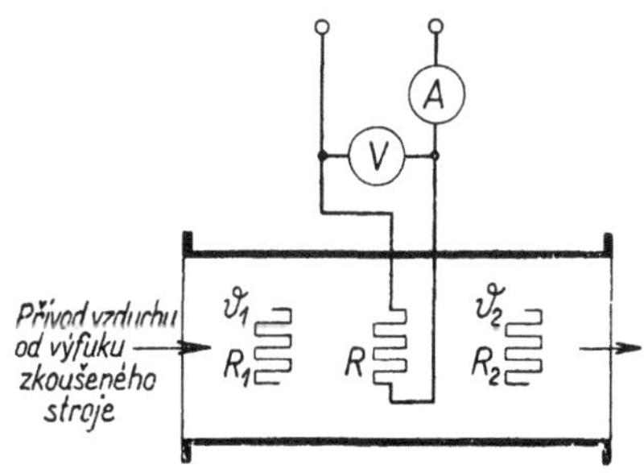

Obr. 44. Thomasův měřicí válec

pek, na př. za 1 minutu. Podle cejchovní křivky stanovíme rychlost vzduchu v. Množství vzduchu

$$Q = Sv \qquad [\text{m}^3/\text{s}; \text{m}^2, \text{m/s}]$$

Střední rychlost v určíme u velkých strojů v jednotlivých polích, na které rozdělíme celkový průřez S.

Dále lze měřit rychlost v [m/s] chladicího vzduchu

měřením dynamického tlaku p [kg*/m²] v kanálu, kterým proudí chladicí vzduch, a to buď Pitotovou nebo Prandtlovou trubicí (obr. 43). Rychlost určíme z cejchovních křivek pro změřený tlak p.

Prandtlova trubice je zařízení, které přímo měří dynamický tlak jako rozdíl dvou tlaků: celkového, měřeného otvorem 1 a statického, měřeného štěrbinou 2.

V poslední době se používá Thomasova měřicího válce (obr. 44) z tvrzeného papíru (dobrý isolant tepla), na který se připojí výfuk vzduchu zkoušeného stroje. Uprostřed válce je topný odpor R napájený ze stejnosměrného zdroje — jeho příkon P měříme voltmetrem V a ampérmetrem A:

$$P = UI$$

Na vstupní a výstupní straně válce jsou měděné měřicí odpory R_1, R_2. Ze změny odporů R_1, R_2 můžeme vypočítat oteplení vzduchu $\Delta\vartheta = \vartheta_2 - \vartheta_1$. Množství vzduchu vypočteme ze vztahu

$$Q = \frac{582 + 2{,}14\vartheta_1}{b} \frac{P}{\Delta\vartheta} \qquad [\mathrm{m^3/s;\ ^\circ C,\ W,\ mm\ Hg}]$$

kde b je barometrický tlak v mm rtuťového sloupce,
P množství tepla odvedeného vzduchem ve watech,
ϑ_1 teplota vzduchu ve výfuku stroje,
$\Delta\vartheta = \vartheta_2 - \vartheta_1$ oteplení vzduchu v Thomasově válci.

25. CHVĚNÍ

Elektrické točivé stroje se někdy při běhu chvějí z příčin dále uvedených. Velikost tohoto chvění měříme vibrometry, na př. Philipsovým, Heymannovým, a to v t. zv. dvojamplitudě chvění 2A (obr. 45) udávané v mikronech. Jeden mikron, značka μ (čti mí), se rovná $^{1}/_{1000}$ mm.

Velikost chvění ložisek pozorujeme obvykle ve třech směrech (obr. 46) k sobě kolmých:

ve směru osy stroje — osové chvění $2A_o$,

kolmo k ose stroje ve vodorovné rovině — příčné chvění $2A_p$,

kolmo k ose stroje ve svislé rovině — svislé chvění $2A_s$.

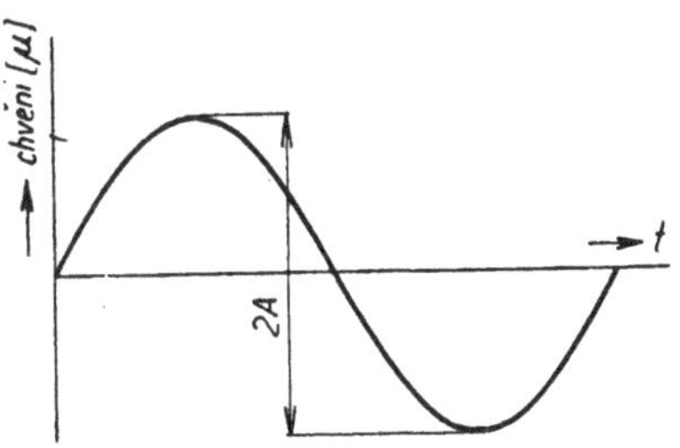

Obr. 45. Průběh chvění

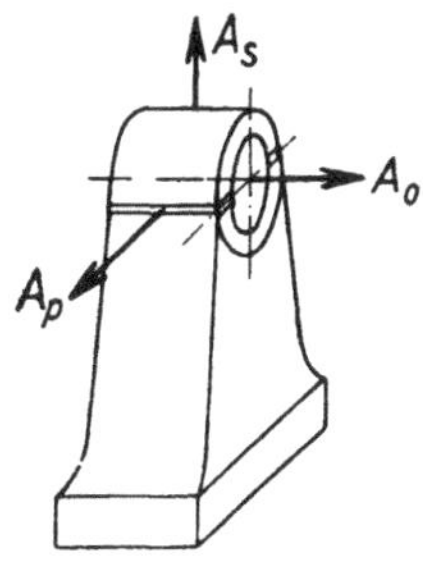

Obr. 46. Směry chvění na ložiskovém stojanu

K správnému hodnocení chvění je třeba znát kromě dvojamplitudy $2A$ i kmitočet chvění a tvar křivky chvění. Zjistíme je na obrazovce elektronkového oscilografu, na jehož svorky přivedeme napětí se snímací hlavy vibrometru.

Podle norem se připouští největší chvění 50 μ u turboalternátorů (3000 ot/min), u pomaloběžných strojů více (na př. do 187,5 ot/min 180 μ, do 375 ot/min 120 μ, nad 375 ot/min 100 μ).

U elektromotorů pro pohon obráběcích strojů jsou požadavky přísnější:

pro nejpřesnější brousicí stroje pouze 2 μ,

pro běžné brusky a dokončovací stroje 4 až 10 μ podle velikosti motoru,

pro přesné soustruhy, frézky a pod. 8 až 16 μ podle velikosti motoru,

pro hrubovací stroje 20 až 50 μ podle velikosti motoru.

Na velikost chvění má vliv zejména:

1. nevyváženost rotujících hmot, ať statická či dynamická, počítaje v to spojky a řemenice,

2. prohnutí hřídele,

3. nepřesné osové vyřízení soustrojí, požaduje se přesnost vyrovnání na setiny mm,

4. nepřesnost ložisek jak valivých (kuliček, válečků), tak kluzných (oválnost čepů),

5. magnetické nesouměrnosti způsobené na př. rozdíly ve vzduchových mezerách, závity nakrátko rotoru alternátorů a pod.,

6. resonance provozních otáček s vlastními kmity základů, statoru a podobně.

26. HLUK ELEKTRICKÝCH STROJŮ

U točivých strojů je hluk způsoben prouděním chladicího vzduchu — ventilací, valivými ložisky (kuličkovými či válečkovými), kartáči, dále mechanickým chvěním nevyvážených hmot a přemagnetováváním činného magnetického obvodu. Rovněž nestejná vzduchová mezera či poměr počtu drážek statoru a rotoru má vliv na velikost hluku zvláště při rozběhu asynchronního motoru a při zatížení, t. zv. pískání. Hlučení zde způsobují vyšší harmonické, t. j. násobky základního kmitočtu (obvykle 50 Hz) magnetického pole.

Magnetický hluk se může odlišit od mechanického po-

pozorováním nenabuzeného a nabuzeného stroje. Po případě se pozoruje rozdíl mezi chodem naprázdno a při zatížení nebo při rozběhu.

H l u k je směs tónů různého kmitočtu a různé intensity (hlasitosti).

T ó n má určitý kmitočet a sinusový průběh.

Nejjednodušším způsobem kontroly hluku ložisek je odposloucháváni zkušební kovovou tyčinkou průměru asi 5 mm, kterou se jedním koncem dotýkáme hlučícího ložiska, kdežto druhý konec přiložíme k uchu.

Absolutní velikost hluku měříme h l u k o m ě r y, na př. čs. hlukoměrem popsaným v časopise Sdělovací technika 1954, č. 9 str. 264—267. Důležitá je možnost rozložit (analysovat) měřený hluk na jednotlivé tóny nebo oktávy, určit jejich kmitočty a hlasitosti a tím nalézt příčiny hluku, na př. podle počtu lopatek ventilátorů, počtu drážek a pod.

Měřený hluk se zachycuje citlivým kulovým mikrofonem dynamickým, krystalovým nebo kondensátorovým, vede se do zesilovače, na jehož výstup je připojen měřicí přístroj, kterým měříme akustický tlak a ten převedeme na hlasitost zvuku ve fónech, značka [Ph].

Zesilovač musí mít přibližně touž frekvenční charakteristiku jako lidské ucho, které je velmi složitým orgánem. Pocit lidského ucha nelze nikdy nahradit měřicím přístrojem stejné citlivosti pro všechny kmitočty, neboť ucho nevnímá všechny kmitočty stejně. Vždyť i jednotlivé osoby mají rozdílný sluch.

Jak je patrno z obr. 47, zmenšuje se s klesajícím akustickým tlakem citlivost lidského ucha pro nízké a velmi vysoké kmitočty. Za základ hladiny hlasitosti je vzat akustický tlak (hladina zvuku) při 1000 Hz (normální tón). Podle tohoto základu jsou stanoveny křivky stejné hlasitosti Fletcher-Munsonovy. Citlivost ucha závisí logaritmicky na síle zvuku.

Tyto křivky určují, jak velký musí být akustický tlak v decibelech (zkratka dB), aby ucho mělo dojem stejné hlasitosti v rozsahu celého frekvenčního pásma, a to pouze při sinusovém tónu, nikoli při směsi tónů, t. j. při hluku. Hladiny hlasitosti pro různé kmitočty nelze sčítat.

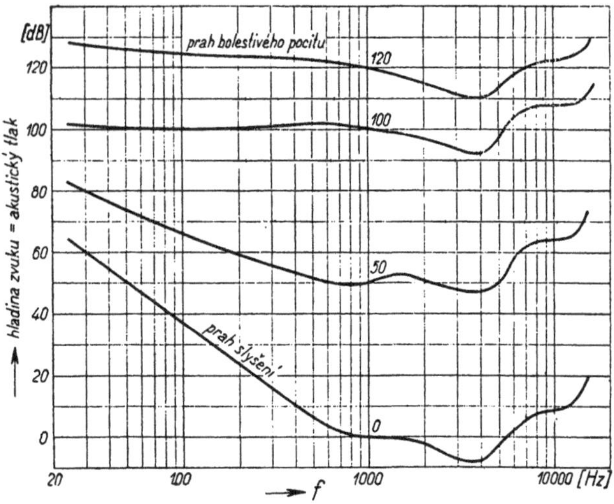

Obr. 47. Fletcher-Munsonovy křivky stejné hlasitosti

V dokonale klidném a tichém prostředí zahrady naměříme hlasitost přes 30 Ph, v tichém bytě 40 Ph, v hostinci 50 Ph, v kanceláři s psacími stroji 60 až 70 Ph, na ulici 50 až 80 Ph, v kotlárně 100 až 120 Ph. Hlasitost 130 Ph je již bolestivě nesnesitelná. Trvale bez škodlivých následků snese člověk hluk 80 až 90 Ph.

Hluk elektrických strojů můžeme měřit:

a) v prostředí pohlcujícím dokonale hluk, v t. zv.

t i c h é k o m o ř e vyložené pláty vaty. Zachycuje se zde obraz veškerého hluku zkoušeného stroje,

b) v normálním pracovním prostředí, kde se zvuk odráží od okolních předmětů. Vlivem hlučného prostředí může být hluk měřeného stroje zamaskován.

Obvykle se měří hluk ve vzdálenosti 1 až 1,5 m od zkoušeného stroje. Vliv prostředí při měření je velmi značný.

Je patrno, že při posuzování hlučnosti zkoušeného stroje je předem třeba znát hlučnost místa, pro které je stroj určen. Týž stroj (na př. s hlukem 45 Ph) může být prakticky nehlučný v dílně nebo v kanceláři s hlukem 50 Ph, avšak při tom bude normálně hlučný v obývací tiché místnosti nebo v kostele, kde je hluk 40 Ph. Aby byl zcela nehlučný, musel by mít hladinu hluku alespoň o 10 Ph nižší, než je okolní hladina hluku, t. j. na př. pro pohon dmychadla varhan v kostele pouze 30 Ph, po př. i méně. Zmenšení hluku z 55 na 20 Ph znamená zmenšit jeho zvukový výkon 10 000krát, tedy úkol nesmírně obtížný.

Nesmí se zapomínat ani na to, že běží-li stroj na př. na zkušebně úplně tiše, může hlučet v provozu vlivem resonance s nosnou konstrukcí a budovou, na př. u výtahů. Proto se používá gumových podložek jako tlumičů. Zvuk se též snadno šíří vzduchem a zesiluje se odrazy.

Dva stejně hlučné stroje dávají společně hluk (hladinu hlasitosti) jen o 3 fóny větší než jeden stroj. Nesčítají se tedy údaje hluku algebraicky.

Je-li jeden stroj o 5 Ph hlučnější než druhý, slyšíme pouze prvý stroj (oslnění hlukem).

Obvyklé stroje a transformátory hlučí 55 až 80 Ph.

27. REGULAČNÍ A ZATĚŽOVACÍ ZAŘÍZENÍ ZKUŠEBEN

Posuvné odpory. Pro plynulou regulaci stejnosměrného proudu, zřídka i střídavého se používá laboratorních posuvných odporů (reostatů) od desetin do

Obr. *48*. Posuvný odpor n. p. Metra Blansko

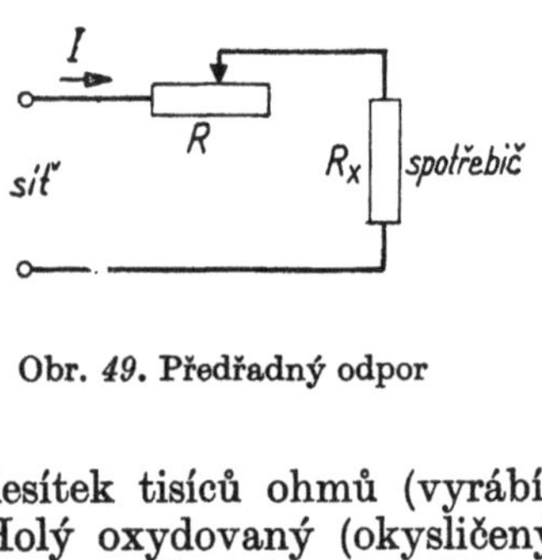

Obr. *49*. Předřadný odpor

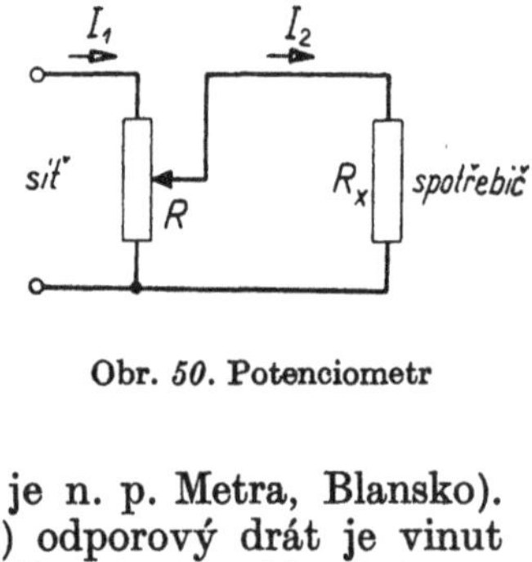

Obr. *50*. Potenciometr

desítek tisíců ohmů (vyrábí je n. p. Metra, Blansko). Holý oxydovaný (okysličený) odporový drát je vinut na porcelánové trubce (obr. 48) a po něm klouže t. zv. jezdec — uhlíkový kontakt, kterým se odebírá proud.

Pro malé změny regulovaného napětí se použije ve spojení jako předřadný odpor (obr. 49) ke zkoušenému předmětu. Regulované napětí je měkké, to značí, že při změně proudu spotřebiče, na př. změnou zatížení zkoušeného motoru, se mění i napětí na spotřebiči. Při střídavém proudu a indukční zátěži s nelineárním obvodem, na př. magnetickým, deformuje předřadný odpor tvar křivky napětí.

Pro regulaci napětí od nuly se řadí jako p o t e n c i o m e t r (obr. 50). Odebíraný

Obr. *51.* Regulační autotransformátor n. p. Křižík Trutnov

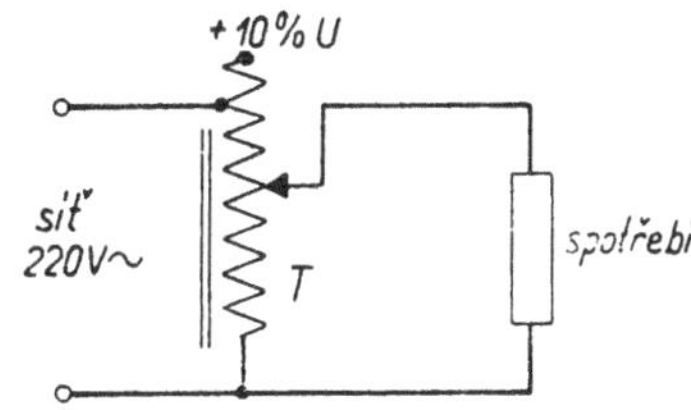

Obr. *52.* Schema zapojení regulačního autotransformátoru

proud I_2 může být nejvýše $^1/_4\ I_1$ při poměru $R : R_x = 1 : 4$. Slouží především k regulaci malých proudů, na př. pro napěťové obvody.

R e g u l a č n í a u t o t r a n s f o r m á t o r y. Pro regulaci střídavého proudu je výhodnější regulační autotransformátor vyráběný n. p. Křižík, na př. na 220 V, do 5 až 10 A (obr. 51). Podobá se posuvnému reostatu, má však magnetické jádro. Reguluje v potenciometrickém řazení plynule napětí od nuly (obr. 52), po případě i na napětí větší, než je napětí sítě, na př. +10 %.

Potřebujeme-li regulovat velké proudy při nízkém

napětí, na př. při 6 V, použijeme dalšího přídavného transformátoru T_2 s převodem 220/6 V (obr. 53).

Pro trojfázový proud se použijí tři mechanicky spřažené regulační autotransformátory nebo indukční regu-

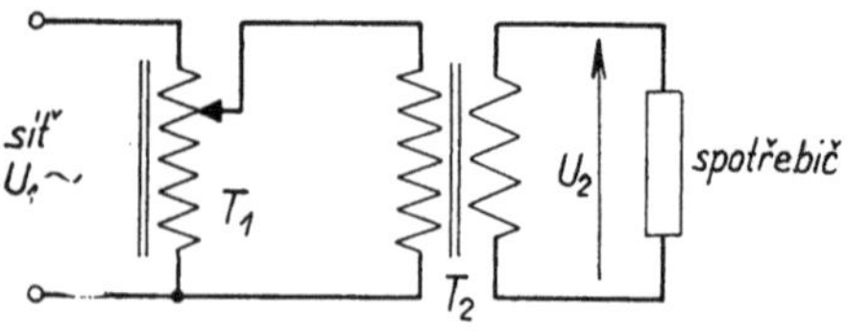

Obr. 53. Regulace s přídavným transformátorem T_2

látor, t. j. zabrzděný asynchronní motor s kroužkovou kotvou, natáčenou šnekovým převodem, který se hodí zvláště pro výkony asi od 3 kVA výše.

Z a t ě ž o v a c í o d p o r y mohou být litinové nebo vodní.

Z litinových odporových článků se sestavují skříně, chlazené buď přirozeným vzduchovým tahem nebo ofukováním pomocným ventilátorem, čímž se podstatně zmenší rozměry odporů. Jednotlivé články se v místech přechodu elektricky svaří. Odbočky z článků se vyvedou buď na přepínací svorkovnici, nebo na kontrolér. Litinové odporové články jsou pro zkušebny přetižitelnější než drátové odpory, zvláště při větších proudech.

Vodní odpory dovolují rychlou improvisaci pro zatěžování středních i velkých generátorů, ať na stejnosměrný nebo střídavý proud, nízkého i vysokého napětí.

Vodní odpor zatěžuje stroj i při střídavém proudu jen činným odporem. Při stejnosměrném proudu nastává elektrolysa vodního roztoku, tvoří se kaly a vyvíjí třaskavý plyn — pozor na dobré větrání!

Měrný odpor vodní náplně závisí na druhu vody (říční, pitná, horská, mořská) a na teplotě vody; se vzrůstající teplotou odpor klesá.

U malých odporů na nízké napětí a výkony do 50 až 100 kW při krátkodobém zatěžování přidáváme do málo vodivé vody sodu nebo sůl (0,1 až 3 %).

Na vysoké napětí a velké výkony užíváme vždy čisté vody, kterou stále obnovujeme, chladíme, aby se nevařila (dovolená teplota nejvýše 80 °C).

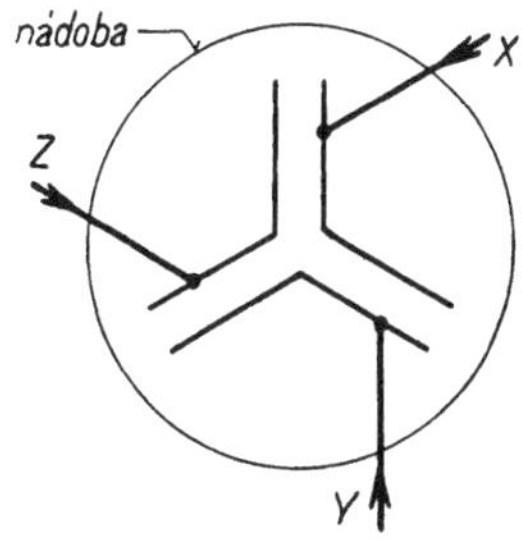

Obr. 54. Zapojení elektrod vodního odporu do trojúhelníku — způsob první

Zhotovení vodního zatěžovacího odporu. Deskové elektrody děláme z kotlového ocelového plechu tlustého 3 až 10 mm, rozměrů podle potřeby 500 × 750 mm i více. Zavěsí se pomocí porcelánových isolátorů na traversy. Ponor elektrod se mění buď tím, že se vytahují z vody kladkostrojem, nebo se mění výška hladiny v nádobě hradítkem. K zjemnění regulace při malém zatížení se desky dole zkosí anebo se k nim navaří tyčky. Při nízkém napětí do 500 až 600 V se jednotlivé desky navzájem oddělují isolačními vodítky z tvrdého dřeva vyvařeného v dehtu, aby při malých vzdálenostech nevzniklo krátké spojení. Na desky se přišroubují ohebné přívodní kabely vhodného průřezu pro proudovou hustotu 1,5 až 2 A/mm².

Elektrody se nejvýhodněji zapojují při trojfázovém proudu do trojúhelníku dvěma způsoby podle obr. 54 nebo obr. 55 — obvyklý způsob u velkých odporů nad 500 kW. Potom potřebujeme o jednu krajní desku více. U velkých odporů nad 1000 kW a na vysoké napětí mívá každá fáze zvláštní nádobu a desky se zapojují do hvězdy. Pro stejnosměrný proud se střídají podle potřeby kladné a záporné elektrody; záporné dáváme na kraje.

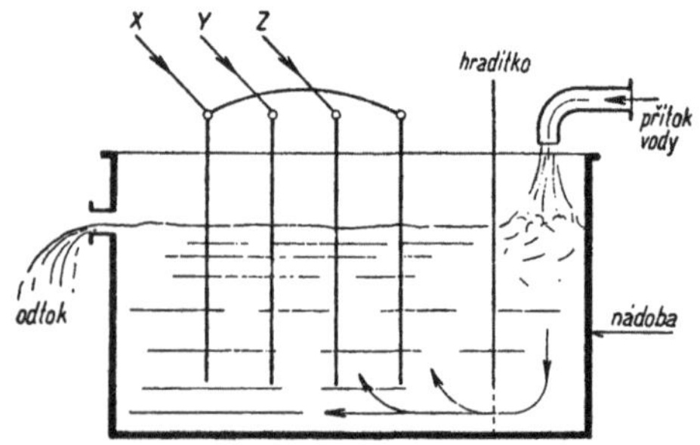

Obr. *55.* Zapojení elektrod vodního odporu do trojúhelníku – způsob druhý

Po dohotovení odporu před jeho ponořením do vody provedeme zkoušku přiloženým napětím $2U_n$ mezi elektrodami po dobu 5 minut a zkoušku zařízení na zdvíhání elektrod (obr. 56).

Teprve potom se elektrody částečně ponoří do vody, otevře se přítok chladicí vody a postupně se odpor zatěžuje pomalým nabuzováním zkoušeného generátoru.

U trojfázových odporů se musí kontrolovat stále, zda je proud ve všech třech fázích stejný. Povoluje se rozdíl nejvýše $\pm$ 5 %, jinak je nebezpečí poškození tlumiče rotoru alternátoru. Rozdíly se musí vyrovnat změnou vzdálenosti elektrod.

V ý p o č e t v o d n í h o o d p o r u *1.* Navrhnout vodní odpor pro stejnosměrný výkon $P = 50$ kW, $U = 230$ V ($I = 217$ A).

Potřebný zatěžovací odpor

$$R = \frac{U^2}{P} = \frac{230^2}{50\,000} = 1{,}06\ \Omega$$

Nejmenší vzdálenost elektrod

$$\delta = 0{,}1 U \doteq 23 \text{ mm}$$

volíme 25 mm, po případě u větších odporů až 50 mm, aby se elektrody nedotkly při vytahování nebo při proudění vody.

Obr. *56.* Zatěžovací odpor 2000 kW, 800 až 6000 V

Měrný odpor vody ϱ (čti ró) z vodovodu buď odhadneme podle zkušenosti

$$\varrho = 10 \cdot 10^6 \qquad [\Omega\text{mm}^2/\text{m}]$$

při 60 až 70 °C, nebo ho změříme ve skleněné trubce, dlouhé 1 m a průřezu 1 cm². Někdy se udává měrný odpor vody v [Ω m], t. j. [Ωm²/m], přepočítá se na [Ωmm²/m] násobením 10^6. Hodnoty v [Ωcm²/cm] jsou stejně velké jako [Ωmm²/m].

Jednoduchá plocha elektrod

$$S = \varrho \frac{\delta P}{U^2\, 100} = 10 \cdot 10^6 \frac{25 \cdot 50}{230^2 \cdot 100} = 0{,}25 \text{ m}^2$$

Za studena při 20 °C bude měrný odpor vody dvakrát až třikrát větší, a proto volíme plochu elektrod raději třikrát větší, t. j. 0,75 m². To znamená, dvě desky (kladnou a zápornou) rozměrů 750 mm šířka × 1000 mm výška, nebo více menších desek paralelně.

Nádobu — obvykle dřevěnou — volíme alespoň o 200 mm větší než jsou desky. Množství chladicí vody Q k odvedení zničené elektrické energie vypočteme z rovnice

$$Q = 15P = 15 \,.\, 50\,\text{kW} = 750\,\text{l/hod}$$

Voda se nemá vařit (neklidný odpor). Nesmí se zapomenout, že velikost odporu se mění s teplotou vody. Při malých výkonech, když nechladíme vodu, lze snížit odpor přidáním 0,1 až 3 % sody.

2. Stanovit vodní odpor pro trojfázový proud při spojení desek do trojúhelníku (obr. 55). Výkon odporu $P = 100$ kW, $U = 400$ V, ($I = 144$ A).

Potřebný zatěžovací odpor mezi dvěma fázemi

$$R = \frac{\sqrt{3}\,U}{I} = \frac{\sqrt{3} \,.\, 400}{144} = 4{,}8\,\Omega$$

Vzdálenost desek nejméně

$$\delta = 0{,}1U = 0{,}1 \,.\, 400 = 40\text{ mm}$$

Měrný odpor vody odhadneme při 20 °C

$$\varrho = 30 \,.\, 10^6\Omega\text{ mm}^2/\text{m}$$

Jednoduchá plocha elektrod jedné fáze bude

$$S = \varrho\,\frac{\delta P}{3U^2\,100} = 30 \,.\, 10^6\,\frac{40 \,.\, 100}{3 \,.\, 400^2 \,.\, 100} = 0{,}3 \,.\, 10^4\text{ cm}^2 = 0{,}3\text{ m}^2$$

Volíme 4 desky 400 × 750 mm, dvě krajní jsou spolu spojeny (obr. 55). Množství chladicí vody vypočteme z rovnice

$$Q = 15P = 1500\,\text{l/h} = 1{,}5\text{ m}^3/\text{h}$$

28. KONTROLA MECHANICKÉHO PROVEDENÍ ELEKTRICKÝCH STROJŮ

a) Je přirozené, že uvnitř stroje a vinutí nesmějí zůstat kovové třísky po obrábění, zbytky isolace, kousky drátů z vinutí, zbytky cínové pájky a podobně.

b) Během montáže stroje se kontroluje velikost vzduchové mezery měrnými plíšky (sondami) odstupňovanými po desetinách milimetru. Vzduchová mezera se měří nejméně na 4 místech po obvodu rotoru, a to s obou stran stroje. Přípustné odchylky od hodnoty udané konstrukcí jsou obvykle ± 10 %.

Neokrouhlost povrchu sběracích kroužků a komutátoru způsobená nesouosostí (excentricitou) u rychloběžných strojů s obvodovou rychlostí do 50 až 60 m/s nemá být větší než 0,02 až 0,03 mm. U pomaloběžných strojů s rychlostí do 5 až 10 m/s nevadí i několik desetin milimetru, na př. u budičů hydroalternátorů a těžních motorů.

c) Před uvedením stroje do chodu zkontrolujeme, zda jsou bandáže na vinutí rotoru v pořádku, zda jsou sběrací kroužky i komutátor správně vyčištěny, zda při pootáčení rotorem nezachycuje ventilátor o ložiskové štíty, kryty nebo o vinutí.

d) V kluzných ložiskách s pánvemi musí být dostatek oleje, mazací kroužky se musí správně točit a nabírat olej. U valivých ložisek (kuličkových a válečkových) překontrolujeme olejové mazání nebo tukovou náplň. Ložiska přesycená tukem hřejí.

e) Podélná vůle v kluzných ložiskách musí být vymezena tak, aby rotor běžel přesně v magnetickém poli stroje a nepřitlačoval se jednostranně na bok pánve. Kontrolujeme v běhu naprázdno plně nabuzeného stroje přitlačením dřevěné násady na konec hřídele, zda se rotor volně podélně pohybuje (plave).

f) Kontrola komutátorů a sběracího ústrojí je popsána v odst. B — 35 „Rozdělení a zabroušení kartáčů“.

g) Zvýšenými otáčkami, obvykle o 20 % nad jmenovité po dobu 5 minut, se zkouší pokud možno za tepla; malý stroj ve zmontovaném stavu, u větších pouze rotor ve zkušebních stojanech v zabezpečené jámě nebo tunelu. Protože je nebezpečí, že se může utrhnout některá součástka stroje odstředivou silou, je třeba dbát přitom největší opatrnosti. Při zkoušce pozorujeme zároveň chvění stroje a jeho kritické otáčky. Po zkoušce prohlédneme pečlivě všechny části stroje, zda na nich nenastaly škodlivé a nebezpečné změny, jako na př.: povylezlé klíny v drážkách, uvolněné či posunuté bandáže, deformované výztuhy vinutí či přívody ke sběracím kroužkům, upevnění tlumiče a podobně.

29. ŠTÍTKOVÁNÍ

Podle Vládní vyhlášky z 22. 12. 1953 se musí výrobky označovat štítkem s názvem a sídlem podniku, označením nadřízeného ústředního úřadu nebo hlavní správy ministerstva, druhem výrobku a číslem normy nebo technických podmínek. U složených výrobků odpovídá za označení podnik, který dokončil výrobek.

Mimo to platí normy Úřadu pro normalisaci pro jednotlivé druhy elektrických strojů, podle nichž musí mít každý hotový elektrický stroj a přístroj na viditelném místě výkonnostní štítek se znakem výrobce, typem a továrním číslem stroje, s druhem stroje, výkonem a dovolenou dobou zatížení, rychlostí (počet otáček za minutu), napětím, proudem, kmitočtem a zvláštními údaji, jak je uvedeno podrobně v příslušných normách. Na štítku se udávají t. zv. jmenovité hodnoty veličin, zejména napětí, kmitočet a pod., při kterých má stroj normálně pracovat. Dále na př. výkon, proud a otáčky, které jsou směrodatné pro použití, hodnocení a srovnávání podobných výrobků.

Velikost proudu lze zaokrouhlit na 3 % u proudu do 50 A, na 1 % u proudu nad 50 A.

Změní-li někdo jiný než výrobce něco při opravě na

stroji, na př. převinutí na jiné napětí, nahrazení vinutí novým, změna vzduchové mezery a pod., musí vedle původního štítku upevnit výkonnostní štítek nový se svým jménem, s novými údaji stroje a s rokem změny.

Stroje, které se mohou točit jen jedním směrem, musí mít označen smysl točení šipkou.

U strojů s odlišnými výkony při různých druzích zatížení nebo při různých otáčkách musí mít stroj pro každý výkon zvláštní výkonnostní štítek.

Ostatní údaje, jako druh provedení (otevřený, zavřený), způsob impregnace (na př. do vlhka), způsob buzení, nejvyšší zkušební otáčky, váha stroje, rok výroby a podobně, mohou se zapsat do opisu zkušebního protokolu předaného zákazníkovi.

30. TOLERANCE

V předpisech a normách jsou uvedeny přípustné tolerance na určité zaručené hodnoty se zřetelem na rozdíly ve vlastnostech použitých hmot, na nepřesnost výroby a na chyby při měření.

Tolerance je největší dovolená odchylka skutečné hodnoty od předepsané nebo zaručené hodnoty.

Tolerance na účinnost η je dvojí:

a) je-li účinnost určena součtem jednotlivých ztrát, potom je tolerance: $0{,}1\,(1 - \eta)$, na př. zaručená účinnost $\eta = 92\ \% = 0{,}92$; tolerance: $0{,}1(1 - 0{,}92) = 0{,}008$, t. j. 0,8 %. Spodní mez naměřené účinnosti je 91,2 %,

b) je-li určena účinnost poměrem výkonu k příkonu, je tolerance: $0{,}15(1 - \eta)$, nejméně však 0,007, t. j. 0,7 %, na př. $\eta = 92\ \%$, tolerance $0{,}15(1 - 0{,}92) = 0{,}012 = 1{,}2\ \%$. Spodní mez naměřené účinnosti je 90,8 %.

V prvém případě je tolerance užší, neboť způsob měření jednotlivých ztrát je přesnější než u druhého způsobu, kdy měříme příkon a výkon.

Tabulka *11*. Přehled dovolených úchylek od stanovených nebo sjednaných hodnot veličin
Výňatek z normy ČSN 35 0000 — Točivé stroje elektrické

Bod	Stanovená hodnota pro	Dovolené úchylky		
1	Účinnost: a) určená součtem ztrát b) určená poměrem výkonu k příkonu	 $-0{,}1(1-\eta)$ $-0{,}15(1-\eta)$, nejméně však 0,7 %		
2	Celkové ztráty (jednotlivé ztráty se nezaručují)	+ 0,1 celkových ztrát		
3	Účiník	$-(1-\cos\varphi):6$, nejméně 0,02, nejvýše 0,07		
4	Otáčky stejnosměrných motorů	derivačních	smíšených	seriových
	při jmenovitém zatížení s pracovní teplotou a měrným výkonem v kW/1000 ot/min[1]):			
	do 0,67	±12,5 %	—	±17,5 %
	přes 0,67 do 2,5	±10 %	±12,5 %	±15 %
	přes 2,5 do 10	± 7,5 %	± 8,5 %	±10 %
	přes 10	± 5 %	± 6,5 %	± 7,5 %
5	Skluz asynchronních motorů	± 20 % zaručeného skluzu		

Bod	Stanovená hodnota pro	Dovolené úchylky
6	Jmenovitý přírůstek napětí alternátorů a dynam s buzením derivačním nebo cizím	± 20 % zaručené hodnoty
7	Jmenovitý přírůstek nebo úbytek napětí dynama se smíšeným buzením	± 20 % zaručené hodnoty, nejméně však ± 2 % jmenovitého napětí[2])
8	Záběrný proud asynchronních motorů nakrátko nebo s určitým spouštěcím zařízením	± 20 % zaručeného proudu
9	Proud zkratu alternátorů za stanovených podmínek	+ 30 % zaručené hodnoty
10	Proud nakrátko alternátorů při stanoveném buzení	+ 15 % zaručené hodnoty
11	Jmenovitý přírůstek otáček stejnosměrných motorů derivačních a smíšených (mezi jmenovitým zatížením a chodem naprázdno)	± 20 % zaručené hodnoty, nejméně však ± 0,2 % jmenovitých otáček
12	Záběrný moment asynchronních motorů nakrátko, kroužkových se samočinným spouštěčem a také synchronních motorů	− 10 % zaručené hodnoty

Bod	Stanovená hodnota pro	Dovolené úchylky
13	Moment zvratu asynchronních a synchronních motorů[3])	− 10 % zaručené hodnoty
14	Setrvačný moment alternátorů a) je-li pouze část GD^2 v rotoru b) je-li celé GD^2 v rotoru	 ± 15 % zaručené hodnoty ± 10 % zaručené hodnoty
15	Rozptylové napětí alternátorů	± 20 % zaručené hodnoty
16	Převod napětí konvertoru a) bez vlastního transformátoru b) s vlastním transformátorem	 ± 5 % jmenovitého napětí ± 2 % jmenovitého napětí
17	Zaručená změna napětí při zatížení a) jednokotvových konvertorů nad 2 kW b) jednokotvových konvertorů do 2 kW c) kaskádních konvertorů	 ± 1 % jmenovitého napětí ± 3 % jmenovitého napětí ± 3 % jmenovitého napětí

Poznámky:

1. T. j. výkon vztažený na 1000 ot/min.

2. Vztahuje se též na největší rozdíl pozorovaného napětí kompaundního dynama při nějakém zatížení a napětí stanoveného přímkou spojující body zaručených napětí naprázdno a při zatížení.

3. Neplatí pro normální motory na trvalé nebo krátkodobé zatížení se zaručeným $M_{max} = 1{,}75 M_n$ a pro přerušované zatížení s $M_{max} = 2M_n$.

Tabulka *12*. Přehled dovolených úchylek od stanovených nebo sjednaných hodnot veličin
Výňatek z normy ČSN 35 1000 — Elektromagnetické stroje netočivé

Stanovená hodnota pro	Dovolené úchylky v % zaručené hodnoty
Jednotlivé ztráty u transformátorů pro střední odbočku	+ 10
Převod napětí naprázdno	$\pm$ 0,1u_k [%] nebo $\pm$ 0,5 %, vždy hodnoty nižší
Proud naprázdno	+ 30
Napětí nakrátko na jmenovité (střední) odbočce	$\pm$ 10
Impedanční (zdánlivé) napětí reaktorů a tlumivek při jmenovitém proudu, pro plný počet závitů	$\pm$ 15
Činné ztráty reaktorů a tlumivek při jmenovitém proudu, pro plný počet závitů	+ 10
Nabízenou celkovou váhu i s olejem	$\pm$ 20

Poznámka: U transformátorů pro zvláštní účely, jako na př. transformátory pecové, ohřívací, přepínací, rozptylové a pod., kde úchylky na některé hodnoty nelze předem s dostatečnou přesností stanovit, je třeba zvláštní dohody o velikosti těchto úchylek.

Podobně jsou v normách uvedeny tolerance pro zaručené jednotlivé ztráty transformátorů (10 až 15 %), pro účiník cos φ, otáčky stejnosměrných strojů, skluz asynchronních motorů, převod napětí a napětí nakrátko transformátorů, záběrný moment, na tvar křivky alternátorů a podobně. (Přehled dovolených úchylek viz tabulka 11 a 12.)

Na některé jmenovité nebo zaručené hodnoty nedovolují normy žádné tolerance. Na př. na jmenovitý výkon, na dovolené hodnoty oteplení, na zkušební napětí, na zvýšené otáčky a pod. Výrobce se musí zajistit příslušnou reservou při výpočtu se zřetelem na proměnlivou jakost užitých hmot, přesnost výroby a měření, aby dosáhl zaručených hodnot.

31. VEKTOROVÝ (PRŮVODIČOVÝ) DIAGRAM

Abychom lépe porozuměli vlastnostem a provozním stavům střídavých strojů synchronních, asynchronních, komutátorových a transformátorů, používáme vektorových a kruhových diagramů, které se sestrojují z vypočtených nebo naměřených hodnot pro ověření charakteristických dat stroje.

Střídavý proud nebo napětí mění na rozdíl od stejnosměrného pravidelně svou velikost a průběh v závislosti na čase. Celou jednu změnu nazýváme periodou a počet těchto změn či period za jednotku času kmitočtem. Průběhy střídavých veličin mohou být různé a rozlišujeme je podle tvaru vlny či kmitu. V technické praxi se nejčastěji vyskytuje sinusový tvar vlny.

Na obr. 57 je znázorněn sinusový průběh napětí a sestrojení sinusovky. Úseky nad osou x a pod osou x udávají okamžité hodnoty napětí u v čase t, které se mění plynule z kladných hodnot na záporné. Hodnoty v první půlperiodě jsou kladné, v druhé záporné. Konstrukce sinusového průběhu napětí je jednoduchá. Kružnici poloměru r, rovnajícího se rozkmitu (amplitudě) žádané sinusovky, t. j. maximální okamžité hodnotě napětí $u_{max} = U$ rozdělíme na určitý počet dílů, na př. na 12 dílů. Na osu x vyneseme v určitém měřítku dobu trvání jedné

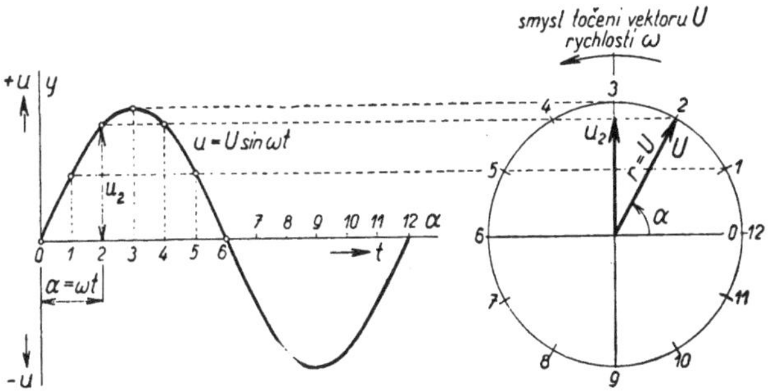

Obr. 57. Sinusový průběh napětí. Konstrukce sinusovky

periody a rozdělíme ji na stejný počet dílů jako kružnici, t. j. v našem případě na 12 dílů. Body na kružnici a ose x označíme stejnými čísly. V bodech na ose x vztyčíme kolmice, promítneme na ně příslušné body kružnice a jejich spojením dostaneme sinusovku. Z této konstrukce vyplývá, že je úzká souvislost mezi kružnicí a sinusovkou. Této souvislosti využíváme právě k sestrojování vektorových diagramů. Můžeme si totiž představit, že sinusový průběh napětí vznikl otáčením úsečky o délce U, vektoru napětí **U**, určitou rychlostí ω. Vektor je určen obecně velikostí, směrem a působištěm. Úhlový kmitočet (v mechanice úhlová rychlost) ω (čti omega) udává úhel v obloukové míře proběhnutý vektorem za jednotku času, na př. vteřinu, proti směru hodinových ruček.

Rychlost otáčení vektoru U je určena úhlovým kmitočtem ω nebo kmitočtem f podle vztahu

$$\omega = 2\pi f = \frac{2\pi}{T}$$

kde $T = \frac{1}{f}$ je doba trvání jedné periody.

Pro kmitočet $f = 50$ Hz je úhlový kmitočet $\omega = 2 . 3{,}14 . 50 = 314$ [1/s].

Okamžitou hodnotu napětí u udává průmět vektoru U do osy y (obr. 57).

Vektory se značí v tisku půltučně tištěnými písmeny na př. U, ve starších knihách kurentem nebo se znakem stříšky nebo vodorovné čáry nad písmenem. Na př. $\mathfrak{U}$, $\hat{U}$, $\bar{U}$.

Délky úseček vektorů mohou být kresleny buď v měřítku hodnot efektivních nebo maximálních, znamená to jen změnu měřítka. Podobně je tomu i v rovnicích. Není-li nic jiného řečeno, rozumějí se hodnoty efektivní.

V elektrotechnice určujeme vektory velikostí a úhlem, nebo je rozkládáme na dvě složky ve směru souřadných os x a y. Osu x označujeme za reálnou, osu y za imaginární. Každý vektor můžeme tedy vyjádřit pomocí dvou čísel: reálným a imaginárním, které značíme písmenem j ($j = \sqrt{-1}$).

Značíme tedy vektor a tímto komplexním — sdruženým — výrazem:

$$a = b + jc$$

Na obr. 58 je tímto způsobem zobrazen v měřítku vektor a daný rovnicí

$$a = 3 + j2$$

Znásobení vektoru imaginárním číslem $+$ j značí pootočení vektoru o $+90°$, číslem $-$j o $-90°$.

V daném případě (obr. 58) bude násobení imaginárním číslem $\pm$j vyjádřeno takto:

$$\mathrm{j}a = \mathrm{j}(b + \mathrm{j}c) = \mathrm{j}b - c = \mathrm{j}3 - 2 = -2 + \mathrm{j}3$$

$$-\mathrm{j}a = -\mathrm{j}(b + \mathrm{j}c) = -\mathrm{j}b + c = -\mathrm{j}3 + 2 = 2 - \mathrm{j}3$$

neboť jj $= -1$.

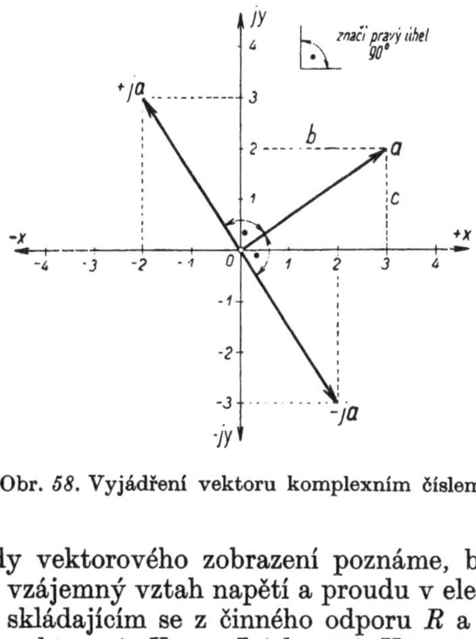

Obr. *58*. Vyjádření vektoru komplexním číslem

Výhody vektorového zobrazení poznáme, budeme-li sledovat vzájemný vztah napětí a proudu v elektrickém obvodu, skládajícím se z činného odporu R a jalového odporu (reaktance) $X = \omega L$ (obr. 59). V tomto případě bude proud I zpožděn za napětím U o úhel φ, jehož velikost je dána velikostí odporu R a reaktance X. Prostá hodnota impedance obvodu Z se vypočte ze vzorce: $Z = \sqrt{R^2 + \omega^2 L^2}$ (obr. 59), úhel φ se vypočte ze vztahu $\operatorname{tg} \varphi = \frac{\omega L}{R}$. Na obr. 59b je znázorněn sinusový průběh proudu a napětí, na obr. 59c je příslušný vektorový diagram. Vektor proudu **I** je zpožděn a tedy pootočen proti vektoru napětí **U** o úhel φ ve směru hodinových ruček, neboť uvažujeme, že kladný smysl točení vektorů je proti jejich smyslu. Svorkové napětí U se skládá z úbyt-

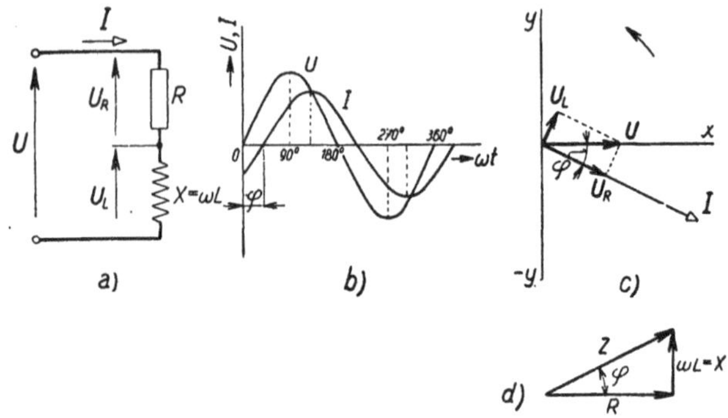

Obr. *59.* Průběh napětí a proudu v obvodu RL (t. j. odpor a indukce)

ku napětí na odporu $U_R = RI$ a na indukčnosti $U_L = j\omega LI$. Vektor napětí $\mathbf{U}_R$ má směr vektoru proudu **I**, vektor napětí $\mathbf{U}_L$ předbíhá o 90° vektor proudu **I**. Svorkové napětí **U** je tedy dáno vektorovým součtem vektorů $\mathbf{U}_R$ a $\mathbf{U}_L$:

$$\mathbf{U} = \mathbf{U}_R + \mathbf{U}_L = R\mathbf{I} + j\omega L\mathbf{I} = \mathbf{I}(R + j\omega L) = \mathbf{I}\mathbf{Z}$$

Grafická konstrukce velikosti impedance Z je na obr. 59d. Z této rovnice vyplývá, že vektorového diagramu napětí (obr. 59c) můžeme použít i jako vektorového diagramu odporů, neboť jalový i činný odpor jsou násobeny stejným proudem a změní se tedy jen měřítko. Porovnáním obr. 59b a 59c vyplývá jednoduchost a přehlednost vektorového diagramu, ve kterém můžeme snadno zakreslit vzájemný vztah několika různých veličin, snadno je sčítat i odečítat. Sčítání vektorů je znázorněno na obr. 59c, neboť se vyskytuje velmi často ve vektorových diagramech střídavých strojů.

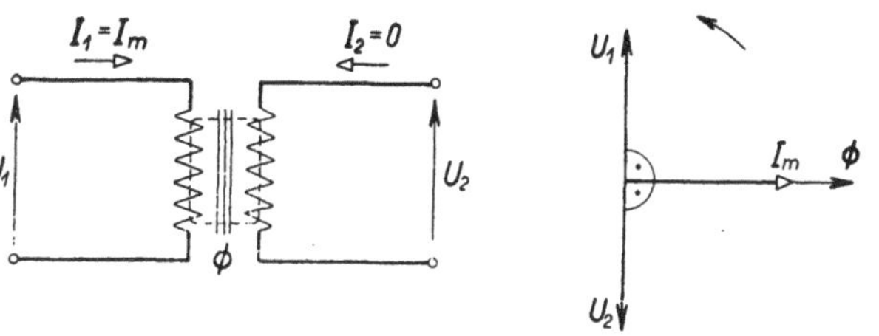

Obr. *60.* Vektorový diagram transformátoru v chodu naprázdno

Při práci s vektorovými diagramy, ve kterých se vyskytují vektory různých veličin (na př. proudu, napětí, magnetického toku a pod.), je nutno si uvědomit, že můžeme srovnávat navzájem jejich polohu — t. j. fázový posun — avšak nelze sčítat a odečítat různorodé veličiny (na př. proud a napětí). Vektorový diagram můžeme kreslit jen pro jedinou vlnu (sinusovku), tedy ne pro veličiny vzniklé součtem harmonických[1]). Obvykle platí proto jen pro sinusový průběh veličiny, t. j. pro základní vlnu.

Jako příklad (obr. 60) probereme vektorový diagram transformátoru v chodu naprázdno (sekundární vinutí je rozpojené). V diagramu zanedbáme úbytky a rozptylové toky. Na primární vinutí působí napětí U_1, které protlačí vinutím magnetisační proud I_m zpožděný za na-

[1]) Harmonická má stejný průběh, ale celistvý násobek kmitočtu jako základní vlna a její rozkmit je vždy menší než rozkmit vlny základní.

pětím o 90°. Magnetisační proud I_m budí v magnetickém obvodu transformátoru střídavý magnetický tok Φ, který je s ním ve fázi. Magnetický tok Φ zabírá se závity sekundárního vinutí a indukuje v nich sekundární napětí U_2 zpožděné o 90° za magnetisačním proudem I_m a tokem Φ. Z vektorového diagramu vyplývá, že vektory napětí U_1 a U_2 jsou proti sobě posunuty o 180°, čili působí proti sobě a udržují se v rovnováze.

Vektorové diagramy se kreslí buď pro hodnoty maximální nebo efektivní. Vztah mezi hodnotami efektivními a maximálními je

$$U_{max} = \sqrt{2}\, U_{ef} = 1{,}414 U_{ef}$$

$$U_{ef} = \frac{U_{max}}{\sqrt{2}} = 0{,}707 U_{max}$$

Je-li tedy vektorový diagram nakreslen pro hodnoty efektivní, může se ho použít i pro čtení hodnot maximálních a naopak, změníme-li měřítko. Na př. vektorový diagram je nakreslen pro maximální hodnoty v měřítku 1 mm = 1 V; platí tedy i pro efektivní hodnoty při použití měřítka 1 mm = 0,707 V.

Při trojfázové soustavě se kreslí vektorové diagramy obyčejně pro jednu fázi; dosáhne se tím podstatného zjednodušení. Diagramy se mohou kreslit buď pro hodnoty fázové I_f, nebo sdružené I_s. Vztah mezi nimi je pro trojfázový proud

$$I_s = \sqrt{3}\, I_f = 1{,}73 I_f$$

$$I_f = \frac{I_s}{\sqrt{3}} = 0{,}578 I_s$$

Pro kreslení vektorových diagramů je třeba dodržet několik základních pravidel:

1. Kladný smysl otáčení vektorů je proti směru hodinových ruček.

2. Geometricky lze sečítat a odečítat pouze vektory stejného druhu.

3. Jsou-li ve vektorovém diagramu vyznačeny veličiny maximální, lze je převést na efektivní změnou měřítka a naopak; u trojfázové soustavy lze převést fázové veličiny na sdružené a naopak.

4. Úbytek napětí na činném odporu je ve fázi s proudem protékajícím odporem.

5. Úbytek napětí na indukčním jalovém odporu (reaktanci) předbíhá o 90° proud jím protékající.

6. Úbytek napětí na kapacitním jalovém odporu je o 90° zpožděn za proudem jím protékajícím.

7. Vektor magnetisačního proudu je ve fázi s jím buzeným magnetickým tokem.

8. Vektor napětí protlačující magnetisační proud předbíhá magnetisační proud i magnetický tok o 90°.

9. Napětí indukované střídavým magnetickým polem se zpožďuje o 90° za magnetickým tokem i magnetisačním proudem.

32. KRUHOVÉ DIAGRAMY

V theorii elektrických strojů se často vyskytují případy, kdy jedna z veličin, kterými je určen vektor, je spojitě proměnná. Pak nás zajímá, jak se bude na základě této proměnné veličiny měnit uvažovaný vektor a po jaké křivce se bude pohybovat jeho koncový bod za předpokladu, že vychází z pevného bodu. Řešení těchto úloh vede většinou na kruhové diagramy, na př. diagram proudu u asynchronních motorů.

Pro snazší pochopení a vysvětlení kruhových diagramů vyřešíme jednoduchý obvod s činným a jalovým odporem (reaktancí) (obr. 61). Řešení tohoto obvodu vede ke kruhovému diagramu průběhu proudu. Činný odpor R budiž obecně proměnný podle čísla, kterému říkáme parametr p, jehož velikost se mění od 0 až do ∞ (nekonečna). Indukční jalový odpor je stálý. Máme vyšetřit, jak se bude měnit impedance Z a proud obvodu I v závislosti na parametru p.

Impedance obvodu je v daném případě dána obecným vztahem.

$$\mathbf{Z} = pR + \mathrm{j}X$$

Pro určitý číselný příklad:

$$\mathbf{Z} = p10 + \mathrm{j}20$$

Koncový bod vektoru impedance $\mathbf{Z} = p10 + \mathrm{j}20$ se bude pohybovat po přímce p rovnoběžné s osou x, neboť imaginární člen $\mathrm{j}X = \mathrm{j}20$ je stálý (neproměnný). Pro sestrojení přímky koncových bodů impedance $\mathbf{Z}$ a parametrického měřítka se vypočte několik hodnot impedance $\mathbf{Z}$ pro různé hodnoty parametru p:

$$\begin{array}{llllll}
\text{pro} & p = 0 & \text{je} & \mathbf{Z}_0 = & \mathrm{j}X = & \mathrm{j}20 \\
 & p = 1 & & \mathbf{Z}_1 = & R + \mathrm{j}X = & 10 + \mathrm{j}20 \\
 & p = 2 & & \mathbf{Z}_2 = & 2R + \mathrm{j}X = & 20 + \mathrm{j}20 \\
 & p = 3 & & \mathbf{Z}_3 = & 3R + \mathrm{j}X = & 30 + \mathrm{j}20 \\
 & p = 10 & & \mathbf{Z}_{10} = & 10R + \mathrm{j}X = & 100 + \mathrm{j}20 \\
 & p = \infty & & \mathbf{Z}_\infty = & \infty &
\end{array}$$

Vynesením koncových bodů impedance Z si potvrdíme, že skutečně tyto body leží na přímce p rovnoběžné s osou x a že na ní vytváří rovnoměrné parametrické měřítko, takže můžeme po jeho sestrojení nakreslit impedanci Z pro libovolný parametr p.

Proud obvodu I je pro $U = 200$ V dán vztahem

$$I = \frac{U}{Z} = \frac{U}{pR + \mathrm{j}X} = \frac{200}{p10 + \mathrm{j}20} =$$

$$= \frac{200(p10 - \mathrm{j}20)}{(p10 + \mathrm{j}20)(p10 - \mathrm{j}20)} = \frac{200(p10 - \mathrm{j}20)}{100p^2 + 400} =$$

$$= \frac{p20 - \mathrm{j}40}{p^2 + 4}$$

Vypočteme si opět několik hodnot vektoru proudu I pro různé hodnoty parametru p

pro $p = 0$ je $I_0 = -\frac{\mathrm{j}40}{4} = -\mathrm{j}10$

$p = 1$ $\quad I_1 = \frac{20 - \mathrm{j}40}{1^2 + 4} = 4 - \mathrm{j}8$

$p = 2$ $\quad I_2 = \frac{2 \,.\, 20 - \mathrm{j}40}{2^2 + 4} = 5 - \mathrm{j}5$

$p = 3$ $\quad I_3 = \frac{3 \,.\, 20 - \mathrm{j}40}{3^2 + 4} = \frac{60}{13} - \mathrm{j}\frac{40}{13}$

$p = 10$ $\quad I_{10} = \frac{10 \,.\, 20 - \mathrm{j}40}{10^2 + 4} \doteq 2 - \mathrm{j}0{,}4$

$p = \infty$ $\quad I_\infty = 0$

Sestrojíme-li vektory proudu I a spojíme-li jejich koncové body, shledáme, že jsou na kružnici opsané ze středu půlícího vektor I_0 poloměrem $\frac{I_0}{2}$. Vektory proudu I svírají s reálnou osou x úhly φ, které udávají fázový posun mezi napětím U a proudem I. Stejný úhel φ svírají i příslušné impedance Z s reálnou osou x.

Parametrické měřítko pro vektory proudu I je vyneseno na přímce p', která je zrcadlovým obrazem přímky p kolem osy x. Průsečíky jednotlivých vektorů proudu I s přímkou udávají na parametrickém měřítku pří-

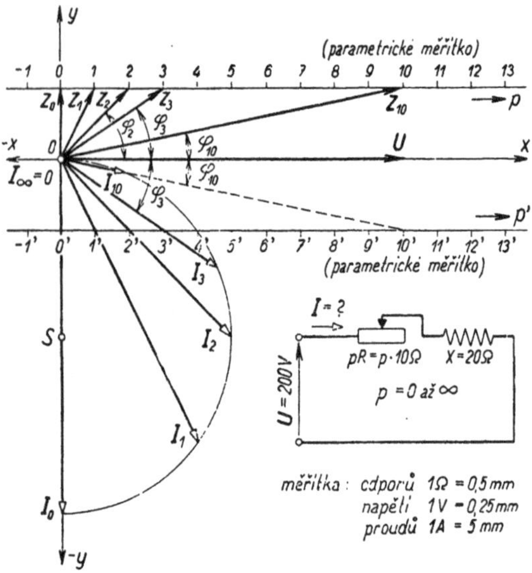

Obr. *61*. Kruhový diagram obvodu s proměnným odporem R a stálou indukčností L

slušné velikosti parametru p a naopak pro daný parametr můžeme sestrojit příslušný vektor proudu I.

V elektrotechnické praxi se při kreslení otáčejí často kruhové diagramy o 90° pro větší přehlednost, takže reálná osa má směr imaginární osy.

Theorie kruhových diagramů je složitá a náročná co do znalostí matematiky. Odvození výpočtu poloměru kružnice, středu kružnice, konstrukce a odvození parametrických měřítek i inversních vztahů přesahuje rámec knížky. Tento jednoduchý příklad má ukázat, že skutečně řešení některých obvodů vede na kruhový diagram proudu, který usnadňuje pochopení pochodů u střídavých strojů, zejména asynchronních motorů.

LITERATURA PRO ČÁST A

1. Knižní

BAŠTA J. a kol.: Měření na elektrických strojích, Učební texty vysokých škol, SNTL Praha 1955.

Technický průvodce, Elektrotechnika, IV. část, Měření elektrických strojů, str. 300 až 324, ČMT 1934.

ŽERVÉ K. G.: Zkoušení elektrických strojů v průmyslu, SNTL Praha 1954.

— Zkoušení elektrických strojů, Publikace MEZ — Vývojový závod n. p. Brno 1951 (pouze pro vnitřní potřebu).

MILINOVSKÝ F.: Základní elektrické měřicí methody, ROH — Práce — Praha 1955.

TRNKA ZD.: Elektrické měřicí přístroje, TVV Praha 1951.

NOVÁK B.: Technika měření vysokých napětí, SNTL Praha 1954.

KARPENKO N.: Kontrola výroby, Práce 1949.

ADAMUS J.: Bezpečnost práce v elektrotechnice, Knižnice ochrany a bezpečnosti práce, sv. 24, Práce ROH 1953.

HORÁK J.: Elektronická měření, SNTL Praha 1954.

TEYSSLER VL.: Technická měření ve strojnictví, měření množství a výkonnosti, SNTL Praha 1953.

NADLER MORTON: Elektronkový oscilograf, SNTL Praha 1954.

LANGER V.: Vektorový počet a symbolický výpočet, TVV Praha 1951,

BOUDA R., DUBSKÝ J.: Základy technologie výroby elektrických strojů, SNTL 1955, 2. vydání.

MOSKOVSKIJ M. I.: Technologie výroby elektrických strojů, SNTL 1953.

TŘÍSKA J.: Bezpečnost práce v elektrotechnike, Práca ROH — Bratislava 1955.

KARAS F.: Udržování isolačních a turbinových olejů v provozu, SNTL 1955, Praha.

POPOV V. S.: Elektrotechnická měření a měřicí přístroje, SNTL 1955, Praha.

DONÁT K.: Elektronický osciloskop, Naše vojsko, Praha 1956.

2. Časopisecká

(EO znamená: Elektrotechnický obzor, El = Elektrotechnik)

KULDA V., HASSDENTEUFEL J., ŘEZNÍČEK J.: Výzkumnictví a zkušebnictví silnoproudé elektrotechnické výroby, EO 1937, str. 775, EO 1938, str. 17, str. 133.

KULDA V.: Zkušebnictví elektrotechnických závodů, El 1955, str. 353 až 356.

SCHNEIDER R.: Důsledná kontrola — záruka dobré kvality, Strojírenství 1953, č. 9, str. 678 až 682.

KERNER J.: Upevnění technologické kázně v průmyslové výrobě, El 1953, str. 145 až 146.

KULDA V.: Socialistické soutěžení a boj proti zmetkovitosti, El 1953, str. 261 až 263.

STANÍČEK J.: O úkolech zkušebnictví v závodě a o methodice práce zkušebního referenta, El 1953, str. 58 až 61.

MILT L.: Studiem k vyšší kvalifikaci pracovníků OTK, El 1954, str. 175 až 176.

HASSDENTEUFEL J.: Výstavba laboratoří velkých výkonů, zkratovny, EO 1952, str. 61 až 70.

NOVÁČEK J.: Vývoj čs. elektrotechnické normalisace, EO 1954, č. 8, str. 445 až 447.

DEYL J., NOVÁČEK J.: Přehled platných čs. elektrotechnických norem, EO 1954, Příloha T 17 až 69; EO 1955, Z 8.

KAŠPAR F.: Veličiny a jednotky v elektrotechnice, EO 1955, str. Z 10.

ADAMUS J.: Nezkušenost a nevědomost častými příčinami úrazu, El 1952, str. 92 až 94.

SOUKUP: Predpis na používanie ochranných gumových rukavic v elektrotechnice, Techn. práca, 1953, č. 12, str. 778.

KLÍMEK A.: Postup při zkoušení elektromotorů, El 1950, str. 234 až 238.

HÁJEK J.: Měření rozdílu otáček a skluzů, Strojírenství 1955, str. 618 až 619.

MÁŠA: Korekční tabulky měřicích přístrojů, EO 1939, str. 478.

FRÖHLICH B.: Cejchování laboratorních měřicích přístrojů, El 1951, str. 57 až 60.

KOČANDRLE VL.: Měřicí přístroje a zásady pro jejich použití, El 1952, str. 110 až 113.

HÁJEK J.: Chyby, o nichž nevíme při měření elektrickými měřicími přístroji, El 1953, str. 17 až 20.

KOČANDRLE VL.: Měření proudu a napětí, El 1952, str. 137 až 140.

DRECHSLER R.: Správnost měření souprav wattmetrů a měřicích transformátorů, EO 1954, příloha T 103 až 110.

Klesken B.: Meranie výkonu elektrodynamickým wattmetrom, Techn. práca 1955, č. 2, str. 77 až 82.

Gabler M.: Smyčkový oscilograf a jeho použití, EO 1953, str. 267 až 275.

Mouric K.: Podstata a vlastnosti elektronického oscilografu, El 1950, str. 36.

Mouric K.: Použití elektronického oscilografu v elektrotechnice, El 1950, str. 153, El 1951, str. 36.

Nessel V.: Zkoušení elektromotorů můstkem s elektronkovým ukazatelem, EO 1939, Praxe P 21.

Nessel V.: Měření odporů voltmetrem a ampérmetrem, EO 1951, str. 39.

Kulda V.: Isolační odpor vinutí elektrických strojů, EO 1935, Praxe P 13 až P 15.

Andrianov D. M.: Sušení elektrických strojů indukční methodou, EO 1951, str. 339; El 1953, str. 94.

Kulda V.: Vhodná volba smyček oscilografů a jejich tlumení, EO 1934, str. 555.

Drechsler R.: Měření elektrické energie pomocí sousledných složek, EO 1955, str. 407 až 414.

Markov M.: Zkoušení isolace vinutí při opravách a údržbě elektrických strojů, EO 1951, str. 438.

Markov M.: Zkoušení isolace velkých točivých strojů. El 1955, str. 359 až 364; EO 1955, str. 494 až 495.

Markov M.: Zkoušení isolace vinutí točivých elektrických strojů a potřebná zařízení, EO 1955, č. 11, příloha T 49 a T 50.

Langfelder: Nové metódy na sledovanie izolácie elektrických strojov, EO 1955, str. 550.

Hassdenteufel J.: Průzkum stárnutí isolace statorového vinutí alternátorů vn, EO 1955, str. 617.

Urban E.: Malá pojízdná zkušebna pro zkoušky el. zařízení, El 1955, str. 131.

Dvořáček E.: Zkoušečky na vysoké napětí, El 1955, str. 356.

Luchin V. I.: Indukční vysoušení isolace vinutí elektrických strojů, El 1955, str. 302 až 303.

Markov M.: Vysušování elektrických strojů methodou jednoho závitu, EO 1950, str. 61 až 62.

Košvanc: Vysoušení strojů a přístrojů při montáži, EO 1940, Praxe P 13.

Košvanc: Zkoušení vlhkosti isolace vinutí elektrických strojů, El 1949, str. 148.

Vereščak A.: Nové úsporné spôsoby sušenia vinutia elektrických strojov, Technická práca 1954, č. 9, str. 538 až 544.

MACHÁČEK C.: Přístroje na měření isolačních odporů, El 1950, str. 2 až 5.
FRÖHLICH B.: Přístroje na měření isolace, El 1951, str. 116 až 118.
BARTOŇ: Vliv teploty na isolační odpor, EO 1939, str. 575.
PROCHÁZKA L.: Elektrická zkoušečka, El 1947, str. 139 až 141.
KUKLÍK V.: Isolační zkoušky elektrických strojů, El 1953, str. 125 až 127.
KONDR M., KOPEČEK J., KUKLÍK V.: Zkoušky rázovým napětím, El 1954, č. 3, str. 66 až 76.
KULDA V.: O přísných zkouškách elektrických strojů, EO 1930, str. 181 až 184.
TUČEK ZD.: Zkoušení odolnosti elektrických výrobků, El 1952, str. 381 až 384.
HOUSER V., RYCHTERA M.: Vlivy tropického klimatu na elektrickou isolaci elektrických strojů, El 1953, str. 141 až 142.
RYCHTAŘÍK V.: Zkoušení odolnosti elektrických výrobků, El 1954, č. 3, str. 89 až 90.
KULDA V.: Zkoušky strojů a přístrojů na odolnost v tropickém prostředí, EO 1942, str. 24.
KAŠPAR F.: Přístroj k měření vlhkosti vinutí, EO 1950, str. 164.
STEIDL O.: Přístroje pro klimatické zkoušky ve sdělovací technice, Slabopr. obzor 1953, příloha P 87 až 94.
BATKA V.: Tropikalisace, El 1955, č. 2, str. 41 až 42.
ZOUBEK J.: Rychloběžné dynamometry s velkým regulačním rozsahem, EO 1955, str. 257 až 260.
HAUF J.: Elektrické brzdy ke zkoušení strojů, EO 1933, str. 180, 199, 215.
FETTER F.: Zvýšení přesnosti elektromagnetické brzdy, EO 1935, str. 124.
MARKOV M.: Asynchronní dynamometry, EO 1951, str. 338.
NOVÁK K.: Elektrografitové kartáčky, El 1955, č. 6, str. 186 až 188.
NOVÁK K.: Uhlíky v silnoproudé elektrotechnice, EO 1955, č. 4, příloha T 17 až T 18.
ORDÁŇ: Vydírání sběrných kroužků, El 1954, str. 62.
FRANZ FR.: K theorii a praxi uhlíků, EO 1948, str. 206 až 208.
VAMBERSKÝ A.: Sběrací uhlíky, El 1951, str. 7 až 10.
KULDA V.: Nové třídy odolnosti různých isolantů, EO 1954, str. 376 až 377.
FRANZ VL.: Stárnutí isolace elektrických strojů v hutních provozech, EO 1940, str. 125 až 131.
MARKOV M.: Oteplení elektrických strojů a život isolace, EO 1951, str. 264.

Bílek J.: Tabulky pro oteplení elektrických strojů při měření odporem, EO 1931, str. 730.
Staněk: Technické měření teploty tepelným článkem, EO 1942, str. 8.
Kopeček J.: Určení oteplení vinutí elektrických strojů z měření odporů, El 1955, str. 67.
Měřička J.: Poznámky k teplotnímu součiniteli odporu, EO 1955, str. 143.
Kašpar F.: Doplnění diskusní poznámky J. Měřičky, EO 1955, str. 144.
Fröhlich B.: Poznámky o měření a cejchování thermoelektrických článků, El 1951, str. 219.
Vurcfeld J.: Dálkové měření teplot elektrickými odporovými teploměry, El 1955, č. 3, str. 94 až 96.
Mez—Vývoj: Thomasův válec, vzduchový odpor, EO 1950, č. 12, žlutá příloha H 5.
Gross B.: Proudy v hřídeli elektrických strojů, EO 1953, str. 233 až 235.
Hassdenteufel J.: Chvění rotačních elektrických strojů, EO 1938, str. 226.
Budinský F.: Měření mechanických kmitových zjevů, Stroj. obzor 1943, str. 259, 280; 1944, str. 177 až 185.
Slavík B., Hadraba J.: O chvění a hluku strojů a jejich omezení, EO 1940, str. 417 až 425.
Forejt J.: Přípustné otřesy strojů, Slabopr. obzor 1951, č. 6, str. 128 až 131.
Katscher J.: Elektrické indikátory chvění, Slabopr. obzor, 1951, č. 6, str. 122 až 128.
Ambrož, Budlovský: Chvění parních turbin, Strojírenství 1954, č. 2, str. 93 až 99.
Kulda V.: Návrh předpisů dovolených chvění elektromotorů, EO 1955, č. 7, žlutá příloha T 26 až T 27.
Herčík V.: Hluky elektrických strojů a jejich měření, EO 1934, str. 193, 363; EO 1935, str. 691.
Fiala V.: Měření hluku, nový čs. hlukoměr, Sdělovací technika 1954, č. 6 a 9, str. 175 a 264.
Majer: Prstencové regulační transformátory a přídavné regulátory, El 1948, str. 121 až 122.
Šafránek J.: Uhlíkové reostaty, El 1951, str. 61.
Fabinger Fr.: Tolerance na účinnost ze součtu ztrát, EO 1929, str. 753.
Vurcfeld J.: Regulace napětí v elektrotechnickém zkušebnictví, El 1955, str. 364.

CHARVÁT J.: Jak odrušujeme kolektorové motory, El 1953, str. 275 až 278.
MARKOV M.: Rušení rozhlasu způsobené elektrickými stroji, El 1953, str. 226 až 230.
KERNER J.: Zkratovna VÚSE zvyšuje jakost elektrotechnických výrobků, El 1955, str. 347 až 353.
KERNER J.: Přístroj na kontrolu vinutí elektrických strojů, El 1955, str. 307 až 308.
ŠAŠEK VL.: Citlivý indikátor síťového napětí, EO 1955, str. 333 až 334.
KOPEČEK J.: Grafické papíry a jejich použití v elektrotechnice, EO 1955, str. 192 až 199.
GOLL J.: Počitadlo pro určení oteplení elektrických vinutí, El 1956, č. 2, zadní strana obálky.
HOŠKOVÁ D., HOŠEK J.: První pomoc při úrazech elektrickým proudem, El 1956, str. 49 až 53.
KULDA V.: Methody přejímání materiálu v elektrotechnických závodech, El 1956, str. 57—58.
KRAEMER J.: Měření výkonu dvojsystémovým wattmetrem při uvádění elektrických strojů do provozu, El 1956, str. 210 až 215.
MARKOV: Jak zabránit poruchám vznikajícím navlhnutím vinutí, El 1956, 239.
KLÍMA V.: Regulace napětí na zkušebnách a v laboratořích, El 1956, 231 až 232.
KULDA V.: Úloha elektrotechnických zkušeben při zajišťování jakosti elektrotechnických výrobků, El 1956, str. 224 až 227.
KELNAR O., PODEŠŤ J.: Preventivní zkoušky statorové isolace generátorů, EO 1956, str. 171 až 176.
HAŠKOVEC J.: Zapojení pro zkoušky rtuťových usměrňovačů (Vodní zatěžovací odpory), EO 1956, příloha T 23.
RAPOŠ M.: Preventivní údržba elektrickej izolácie, El 1956, str. 119 až 122.
BARTÁKOVÁ B.: Elektrotechnická zařízení pro tropické oblasti, El 1956, č. 4, str. 113 až 114.

3. Normy

ČSN 34 3500 Poučení o první pomoci při úrazech elektřinou.
ČSN ESČ 110-1949: Zkoušky vysokým napětím průmyslového kmitočtu.
ČSN ESČ 165-1949: Ochranné pryžové rukavice pro elektrotechniku.
ČSN ESČ 193-1949: Zkoušky elektrickým rázem.

ČSN ESČ 161-1950: Elektrické měřicí přístroje, měřidla a příslušenství.
ČSN 34 5608: Typové, kontrolní a informační zkoušky elektrotechnických výrobků.
ČSN 34 5610: Základní zkoušky elektrických předmětů.
ČSN 34 5660: Měření elektrického odporu vodičů.
ČSN ESČ 55-1951: Kulové jiskřiště.
ČSN ESČ 64-1951: Měřicí transformátory.
ČSN ESČ 192-1947: Elektronické měřicí přístroje.
ČSN 35 9835: Gumové isolační koberce pro elektrotechniku.
ČSN 35 9860: Záchranné háky.
ČSN 79 5891: Pryžové galoše pro elektrotechniku.
ČSN 35 0000: Točivé elektrické stroje.
ČSN 35 0010: Základní zkoušky elektrických točivých strojů.
ČSN 35 0012: Zkoušky elektrické pevnosti vinutí elektrických strojů točivých.
ČSN 35 0013: Měření isolačního odporu a sušení elektrických strojů točivých.
ČSN 35 0014: Zkouška oteplení elektrických točivých strojů.
ČSN 35 0015: Určení účinnosti elektrických točivých strojů.
ČSN 35 0016: Rozběhové zkoušky elektrických točivých strojů.
ČSN 35 6710: Thermoelektrické články.
ČSN 34 5570: Elektrotechnické jednotky.
ČSN 34 5573: Písmenové značky pro elektrické stroje točivé.

B. STEJNOSMĚRNÉ STROJE

33. VLASTNOSTI

Stejnosměrné stroje mají obvykle ve statoru (kostře) magnetické jho s hlavními i s pomocnými póly, kdežto kotva (rotor, neužívá se již historický název indukt) ob-

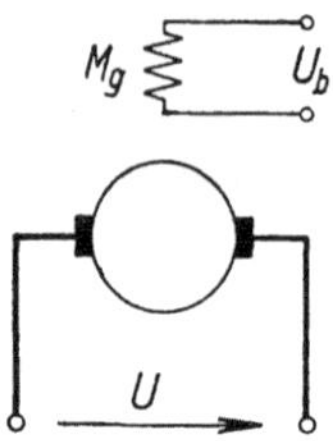

Obr. *62.* Stejnosměrný stroj s cizím buzením

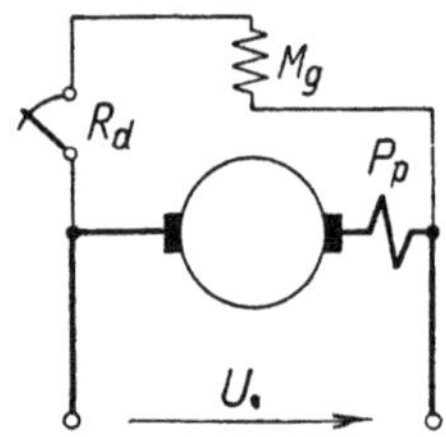

Obr. *63.* Stejnosměrný stroj s derivačním buzením

sahuje vinutí s komutátorem. Jho statoru bývá většinou z ocelové litiny nebo z válcovaného železa, zřídka listěné, t. j. složené z dynamových plechů — pouze u strojů s rychlou změnou magnetického toku. Pólové nástavce a někdy též i celé hlavní póly bývají listěné.

Otáčením kotvy v magnetickém poli se indukuje střídavé napětí ve vinutí uloženém v drážkách na obvodu kotvy. Vývody jednotlivých cívek vinutí jsou připojeny na lamely komutátoru. Úkolem komutátoru je usměrnění (komutace) indukovaného střídavého napětí, takže na kartáčích, přitlačovaných ke komutátoru, získáme stejnosměrné napětí. Magnetické pole je buzeno stejnosměrným proudem protékajícím cívkami umístěnými na hlavních pólech. Po obvodě kotvy se střídají severní a jižní póly.

Podle toho, jak je provedeno zapojení budicího vinutí, dělí se stejnosměrné stroje na

a) stroje s cizím buzením (obr. 62), kde je budicí vinutí napájeno z cizího nezávislého zdroje,

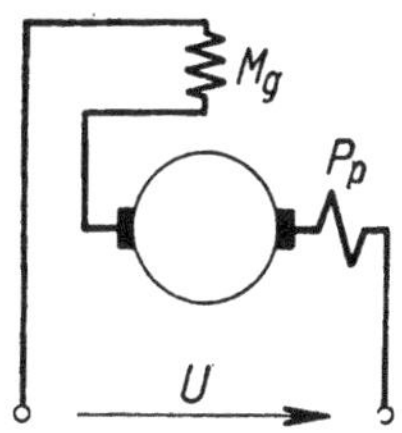

Obr. *64*. Stejnosměrný stroj se seriovým buzením

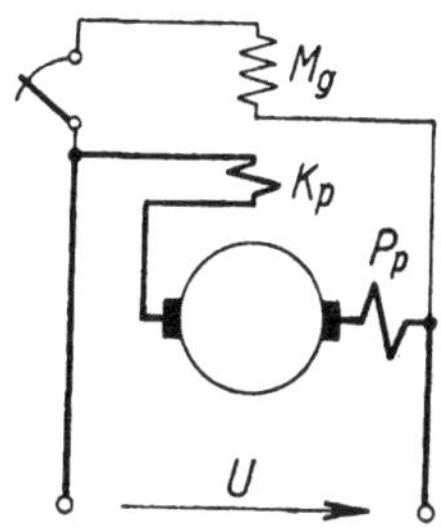

Obr. *65*. Stejnosměrný stroj se sdruženým čili kompaundním buzením

b) stroje s derivačním buzením (obr. 63), t. j. s budicím vinutím připojeným paralelně k vinutí kotvy,

c) stroje se seriovým buzením (obr. 64), kde je budicí vinutí v serii s vinutím kotvy,

d) stroje se sdruženým čili kompaundním buzením (obr. 65), kde jsou dvě budicí vinutí, a to jedno derivační a druhé seriové, které buď zesiluje nebo zeslabuje účinek derivačního vinutí, t. j. změkčuje nebo dosahuje tvrdší charakteristiky napětí či otáček stroje při zatížení.

Kompensované stroje, obvykle řídicí dynama větších výkonů Leonardových regulačních skupin[1]), mají v nástavcích hlavních pólů drážky a v nich vinutí, jímž protéká hlavní proud z kotvy. Magnetická osa tohoto vinutí je kolmá k ose hlavního pólu. Toto vinutí kompensuje (vyrovnává) t. zv. reakci kotvy, t. j. demagnetisační účinek vinutí kotvy při zatížení na magnetické pole hlavních pólů.

Pomocné nebo komutační póly, jimiž protéká proud kotvy, upravují tvar magnetického pole tak, aby i při zatížení bylo napětí mezi lamelami pod kartáči komutátoru co nejmenší, aniž by bylo třeba kartáče při zatížení natáčet. Používá se jich u strojů od 0,5 až 2 kW výše a zlepšují podstatně komutaci.

Dynama pracující jako děliče napětí (na př. 2 × 220 V) mají připojeny vývody z vinutí kotvy na dva nebo tři sběrací kroužky, na které je připojena tlumivka. V ní se tvoří nulový vodič této soustavy.

Každý stejnosměrný stroj může pracovat jako generátor (dynamo) nebo jako motor. Záleží to na druhu přiváděné energie, která může být buď mechanická nebo elektrická. Je třeba dát pozor na zapojení kompaundních vinutí, aby při zatížení dynamo na př. nezvyšovalo nežádoucně napětí, nebo motor otáčky.

Abychom se seznámili se základními vlastnostmi a charakteristikami stejnosměrných strojů, je třeba si zopakovat jejich základní rovnice.

Indukované napětí U_0 naprázdno je dáno vztahem v soustavě jednotek MKSA:

$$U_0 = \Phi N_v \frac{p}{a} n \qquad [V; Wb, ot/s]$$

---

[1]) Podle normy ČSN: 35 0000 Skupiny strojů — dva nebo několik strojů tvořících celek spojený elektricky — na př. Leonardova skupina s hnaným motorem a řídicím dynamem v motorgenerátorovém soustrojí.

Soustrojí — dva nebo několik točivých strojů mechanicky přímo spojených.

P o z n á m k a: n jsou zde otáčky za vteřinu. Obyčejně se však otáčky udávají za minutu, na př. otáčkoměry mají většinou stupnici v ot/min. V tomto případě muselo by být ve vzorci místo n uvedeno $\frac{n}{60}$.

V technické soustavě platí pro indukované napětí (otáčky n jsou zde za minutu):

$$U_0 = \Phi N_v \frac{p}{a} \frac{n}{60} 10^{-8} \quad [\text{V; M, ot/min}]$$

V obou rovnicích značí:

Φ je magnetický tok ve vzduchové mezeře pod jedním pólovým nástavcem. Je závislý na budicím proudu magnetů (buzení I_b) a charakteristice magnetického obvodu stroje,

N_v počet vodičů kotvy,

p počet pólových dvojic ($2p$ = počet pólů),

a počet párů paralelních větví vinutí kotvy,

n otáčky kotvy.

Pro určitý stroj je počet vodičů, pólů a paralelních větví stálý, takže možno rovnici pro indukované napětí psát takto:

$$U_0 = k\Phi n \quad \text{nebo} \quad U_0 \sim \Phi n$$

což značí: napětí naprázdno U_0 je přímo úměrné součinu magnetického toku Φ a otáček n, k je konstanta úměrnosti.

Moment stejnosměrného stroje je dán vztahem v soustavě MKSA:

$$M = \frac{1}{2\pi} \frac{P}{n} = \frac{1}{2\pi} \frac{UI}{n} \eta \quad [\text{Nm; W, V, A, ot/s}]$$

Moment M vychází v newtonmetrech (Nm), nebo joulech (1 Nm = 1 J). Otáčky n jsou zde za vteřinu.

V technické praxi je zvykem udávat moment v kg*m, kde kg* je jednotkou síly v technické soustavě

$$M = 0{,}974 \frac{P}{n} = 0{,}974 \frac{UI}{n} \eta \qquad [\text{kg*m; W, V, A, ot/min}]$$

kde P je výkon ve wattech,
U napětí na kartáčích kotvy,
I proud kotvy,
n otáčky za minutu,
η účinnost.

Rovnici pro moment možno upravit za předpokladu, že svorkové napětí U se přibližně rovná indukovanému napětí U_0, t. j. při zanedbání ztrát, takto:

$$M \sim \frac{UI}{n} \sim \Phi I \quad \text{neboť} \quad \frac{U}{n} \sim \Phi$$

Z rovnic pro indukované napětí U_0 a pro moment lze snadno odvodit charakteristické vlastnosti různých druhů stejnosměrných strojů. Z napěťového vztahu:

$$U \sim \Phi n$$

vyplývá:

a) Zvyšujeme-li otáčky d y n a m a, zvětšuje se v témž poměru i napětí U, zůstává-li magnetický tok Φ stálý, t. j. nemění-li se buzení (proud v magnetech dynama).

b) Chceme-li při stálých otáčkách zvýšit napětí dynama, musíme zvětšit magnetický tok Φ zvýšeným buzením magnetů.

Z obměněného vztahu

$$n \sim \frac{U}{\Phi}$$

vyplývá pro stejnosměrný m o t o r, že jeho otáčky je možno měnit:

a) Změnou napětí U na kotvě, při nulovém napětí jsou otáčky nulové. Otáčky se zvětšujícím se napětím vzrůstají, je-li magnetický tok Φ stálý, t. j. při stálém budicím proudu I_b.

b) Změnou magnetického toku Φ, při nulovém magnetickém toku Φ by byly otáčky theoreticky nekonečně veliké, prakticky nebezpečně veliké. Při rostoucím magnetickém toku Φ, t. j. zvyšováním budicího proudu magnetů I_b, otáčky klesají, je-li napětí kotvy U stálé. Těchto poznatků se využívá u regulačních Leonardových skupin, kde změnou napětí řídicího dynama regulujeme otáčky, po případě měníme i smysl otáčení hnacího stejnosměrného motoru, který je napájen z tohoto řídicího dynama.

Z momentového vztahu

$$M \sim \frac{UI}{n} \sim \Phi I$$

vyplývá pro stejnosměrný motor, že je moment zatěžovaného motoru:

a) při stálém magnetickém toku Φ (stálý budicí proud I_b) přímo úměrný proudu kotvy I,

b) že při zeslabování magnetického toku Φ odbuzováním stroje, klesá.

U seriového motoru je magnetický tok Φ přímo úměrný proudu I, který je shodný v kotvě i magnetech, které jsou zapojeny v serii, takže moment je přímo úměrný čtverci tohoto proudu. Mají proto seriové motory při záběru (rozběhu) velký moment úměrný $\sim I^2$, neboť při záběru je zvýšený celkový proud I současně v kotvě i v magnetech.

U derivačního motoru je při rozběhu obvykle stejný magnetický tok Φ jako při běhu, takže moment je úměrný pouze zvětšenému rozběhovému proudu I.

34. KONTROLA ZAPOJENÍ A MĚŘENÍ ODPORŮ VINUTÍ, ISOLAČNÍ ZKOUŠKY

a) Kontrola zapojení

Stejnosměrné stroje mají někdy složitá vinutí ve statoru a několik možných způsobů jejich vzájemného spojení. Je proto nutné před vlastním zkoušením hotového stroje dobře zkontrolovat spojení, a to i se zřetelem na smysl vinutí jednotlivých cívek.

Chyby ve spojení vzniklé při montáži vinutí jsou dosti časté. Většina jich se vyskytuje ve spojení magnetových cívek. Objeví-li se chyby až ve zkušebně na smontovaném stroji, vyžaduje náprava demontáž stroje a tím zvýšené náklady. Je proto účelné provádět kontrolu spojení vinutí před konečnou montáží stroje, dokud je ještě jeho magnetický obvod snadno přístupný.

Na magnetickém obvodu stejnosměrného stroje mohou být tato vinutí:

1. na hlavních pólech: derivační budicí vinutí,
seriové budicí vinutí,
vinutí cizího buzení,
vinutí kompensační,

2. na pomocných pólech: komutační vinutí.

Jednotlivé cívky vinutí magnetického obvodu musí být spojeny tak, že vždy dva sousední hlavní póly mají různou polaritu (značíme je velkým písmenem S, J — sever, jih). Má-li stejnosměrný stroj komutační póly (značíme je malým písmenem s, j) je jejich vinutí spojeno tak, aby polarita jednotlivých pólů byla tato:

u motoru	S s J j	ve směru točení kotvy.
u dynama	S j J s	

Správnost spojení se kontroluje tím, že se cívkami nechá protékat stejnosměrný proud a při tom pomalu přibližujeme k vinutí, pólovým nástavcům nebo k hlavám šroubů, připevňujících pól ke kostře, magnetku, zavěšenou na tenké poddajné niti. Použití kompasu se nedoporučuje, poněvadž magnetka má omezenou pohyblivost a při neopatrné manipulaci se může snadno přemagnetisovat, což může vést k chybám. Magnetku si lze snadno zhotovit svázáním dvou psacích per na sebe a jejich zmagnetováním (obr. 66).

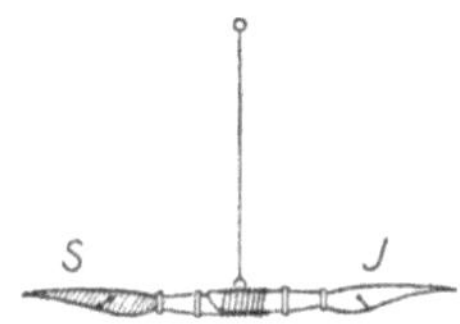

Obr. *66*. Magnetka z psacích per

Spolehlivější způsob zkoušení sledu pólů je zkušební plochou cívkou, která se přikládá k vinutí nebo kostře stále stejnou stranou. Cívka má velký počet závitů z tenkého vodiče, je přitmelena na karton nebo celuloid a vložena do ochranného isolačního pouzdra. Jako ukazovatel (indikátor) je k cívce připojen stejnosměrný milivoltmetr s nulou uprostřed nebo galvanometr. Vinutí hlavních a pomocných pólů se přitom postupně napájejí stejnosměrným proudem. Přiblíží-li se cívka na př. k severnímu pólu a potom se od něho rychle oddálí, vychýlí se ručka indikátoru jedním směrem; přiblíží-li se stejnou stranou k jižnímu pólu a opět se rychle oddálí, musí být výchylka ručky opačná — není-li, je chyba ve spojení cívek. Podobný jev nastane při vypínání a zapínání proudu. V tomto případě se neoddalují cívky od pólu.

U zcela přístupných cívek, na nichž je okem patrný sled závitů (seriové, komutační a kompensační cívky), lze zjistit smysl obtékání pólů proudem prohlídkou a vysledováním spojení jednotlivých cívek. Je to nejjednodušší způsob kontroly spojení vinutí, nevyžadující napájení proudem.

Správnost připojení cívek vinutí kotvy s velkým počtem závitů na komutátor se kontroluje tak, že se na dvě lamely vzdálené o pólovou rozteč přiletují provisorně přívody od suché baterie (3,5 V) a postupně se měří napětí mezi první lamelou a dalšími lamelami. Je-li vinutí správně provedeno, napětí se stále rovnoměrně zvětšuje. U několikaparalelních vinutí je tomu vždy po a lamelách, kde a je počet párů paralelních větví.

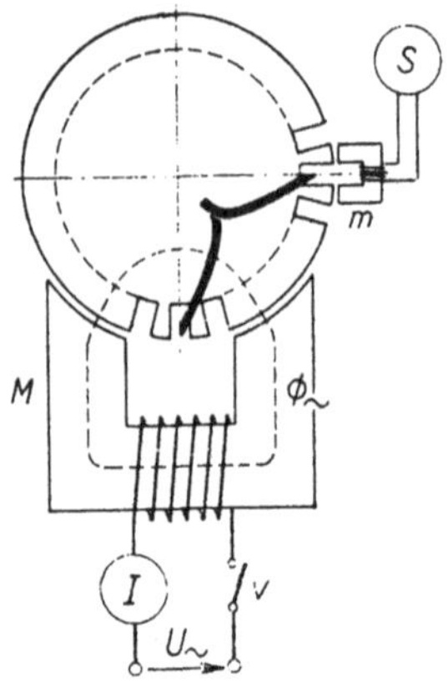

Obr. 67. Zkoušení kotev na střídavém magnetu

Krátké spojení závitů kotvy stejnosměrného stroje, který nemá vyrovnávací (ekvipotenciální) spojky, se zjistí pomocí zkušebního střídavého elektromagnetu (obr. 67). Kotva se položí na pólové nástavce zkušebního elektromagnetu a postupně se jí pootáčí. Je-li v kotvě závit nakrátko, protéká jím v určité poloze vlivem střídavého magnetického pole proud nakrátko. Zároveň s pootočením kotvy objíždíme její povrch železným jádrem m, které má šířku rovnou přibližně drážkové rozteči kotvy. Na jádru je navinuta cívka, ke které je připojeno sluchátko S. Protéká-li cívkou proud nakrátko, vytváří rozptylové pole, které se uzavírá jádrem m, indukuje v cívce střídavé napětí a ve sluchátku uslyšíme bručení. Místo jádra lze použít proužku tenkého plechu 0,3 mm. Při krátkém spojení se začne plech nad příslušnou drážkou chvět.

b) Měření odporů (viz též všeobecnou část A, odstavec 18)

1. Odpor vinutí kotvy R_a se obvykle měří voltampérovou Ohmovou methodou. Stojící kotva zmontovaného stroje se napájí přes všechny kartáče stejnosměrným proudem (obr. 68), který nemá být větší než $^1/_{10}$ jmenovitého proudu kotvy se zřetelem na možné oteplení vinutí během měření. Voltmetrem V se měří

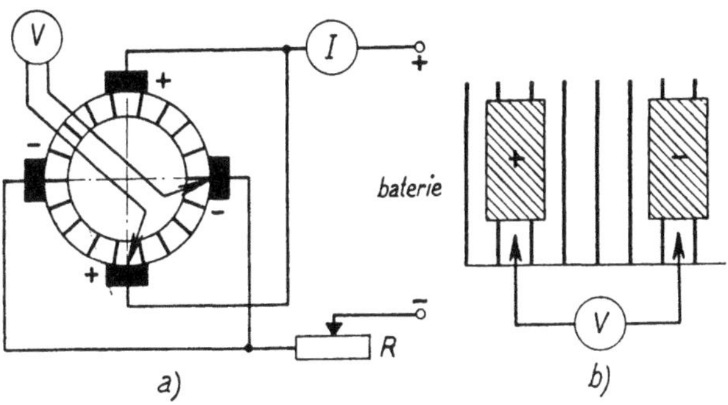

Obr. *68*. Měření odporu vinutí kotvy

napětí na lamelách komutátoru pod kartáči různé polarity. Aby se vyloučily přechodové odpory mezi kartáči a lamelami, použije se hrotů, které se přiloží přímo na lamely. Měření se několikrát opakuje — vždy se pootočí trochu kotvou, aby byl vyloučen vliv odporu spájených míst a vyrovnávacích spojek. Pro další výpočet se určí střední hodnota z naměřených odporů. Zároveň je nutné změřit teploměrem teplotu vinutí a okolí. Při měření „za studena" nemá být podle norem rozdíl mezi teplotou okolí a vinutím větší než 3 °C.

Takto změřený odpor vinutí kotvy používáme pro výpočet úbytků napětí a ztrát ve vinutí kotvy. Při měření odporu kotvy mezi určitým počtem lamel se zdviženými (odklopenými) kartáči, bylo by třeba přihlédnout k druhu vinutí a počtu paralelních větví.

S výhodou se též používá této methody při měření oteplení z přírůstku odporu. V tomto případě si poznamenáme dvě lamely vzdálené na příklad o pólovou rozteč nebo méně a na nich měříme odpor pomocí proudových a napěťových špiček. Tím se zvětší přesnost stanovení oteplení, neboť měříme jak za studena, tak i za tepla stejnou část vinutí.

2. Odpor vinutí kompensačního, vinutí hlavních pólů a vinutí pomocných pólů se měří na svorkovnici, t. j. i se spojovacím vedením uvnitř stroje. Proud při měření nemá opět přestoupit $^1/_{10}$ jmenovitého proudu.

3. Přechodový odpor na kartáčích lze změřit tím způsobem, že se dva kartáče umístěné na témže roubíku od něho odisolují. Po dobrém zaběhání kartáčů se jimi vede proud I v zapojení podle obr. 69. Kotva je při tom poháněna pomocným motorem a stroj nenabuzen. Odpor jednoho kartáče je $U_k/2I$; U_k je naměřený úbytek mezi oběma kartáči. Přechodový odpor značně závisí na velikosti zatěžovacího proudu. Je tedy nutné proměřit jej pro více hodnot proudu a naměřené hodnoty zakreslit do diagramu.

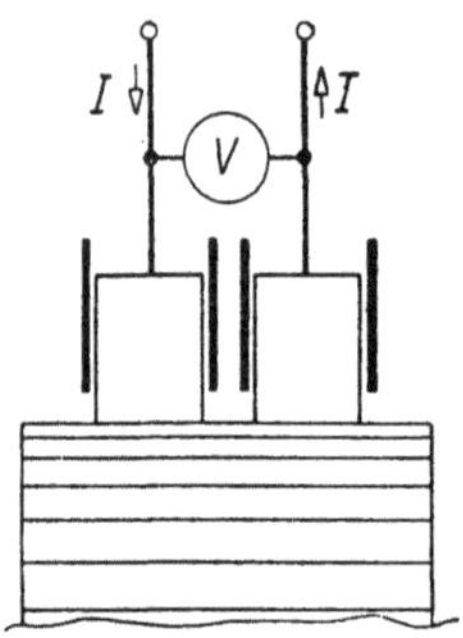

Obr. *69.* Měření přechodového odporu kartáčů

V praxi se obyčejně přechodový odpor na kartáčích neměří a pro výpočet úbytků a ztrát na kartáčích se bere podle norem u grafitových kartáčů hodnota 1 V na každou polaritu, t. j. celkem 2 V, u měďnografitových 0,3 V, t. j. celkem 0,6 V.

c) Isolační zkoušky vinutí

O zkoušce isolační pevnosti vinutí napětím z cizího zdroje a indukovaným napětím, jakož i o měření isolačního odporu a vysoušení vinutí platí i u stejnosměrných strojů to, co bylo napsáno ve všeobecné části A, odst. 19.

Při zkoušce mezizávitové isolace vinutí a mezilamelové isolace komutátoru indukovaným napětím 1,3 U_n po dobu 5 minut je možno nadzdvihnout téměř všechny kartáče mimo ty, které jsou nutné pro měření napětí. Zkouší se nejlépe při chodu jako dynamo, aby při eventuálním přeskoku na komutátoru se kartáče zbytečně nepopálily. Komutátor musí být při této zkoušce velmi pečlivě očištěn od měděného prachu a od břitů na hranách lamel.

35. ROZDĚLENÍ A ZABROUŠENÍ KARTÁČŮ

Před uvedením stejnosměrného stroje do chodu je třeba stroj důkladně prohlédnout podle odst. 28 a překontrolovat rozdělení kartáčů po obvodu komutátoru a správně je zabrousit.

To se provede tak, že obvod komutátoru rozdělí rýsovač na rýsovací desce ryskami na tolik dílů, kolik má stroj pólů. Rysky musí být po celé délce komutátoru přesně rovnoběžné s osou stroje. Jednotlivé sady kartáčů se přesně vyřídí podle těchto rysek pomocí kalibru nebo pásku, který se postupně vloží do jednotlivých prázdných držáků kartáčů. Hrana pásku musí přesně souhlasit s ryskou, jak je znázorněno na obr. 70. Vzdálenost držáku od komutátoru je nutno upravit tak, aby kartáč vyčníval nejvýše 1,5 až 2 mm od spodní hrany držáku (obr. 71). Při tom se zároveň kontroluje rozdělení kartáčů podél komutátoru. Aby se lamely opotřebovávaly po celé délce komutátoru rovnoměrně, umisťují se držáky kartáčů podle obr. 72. Vždy dvě sousední sady se kryjí a další dvě jsou o polovinu délky jednoho kartáče přesazeny. Netvoří se potom rýhy a nerovnosti na povrchu komutátoru a tím se zabrání odskakování kartáčů za běhu stroje.

Kartáče se zabrušují jemným smirkovým plátnem, které se navine na komutátor tak, aby se při otá-

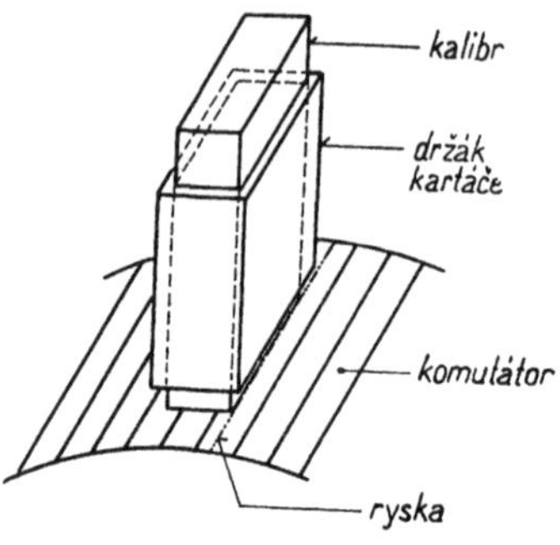

Obr. *70.* Kontrola rovnoběžnosti krabičky držáku kartáče

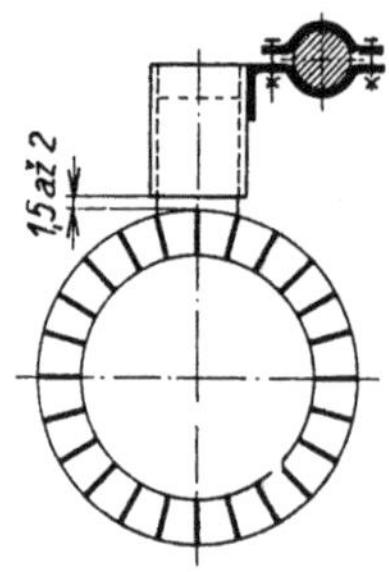

Obr. *71.* Vzdálenost krabičky kartáče od komutátoru

čení kotvy nerozvinovalo (obr. 73). Kotvou stroje zvolna otáčíme ve směru normálního točení. Má-li stroj běžet oběma směry, provede se zabroušení t. zv. radiálního kartáče jen jedním směrem. Vůle v krabičkách držáků kartáčů smí být 0,05 až 0,1 mm, aby kartáče při obráceném směru točení nemohly vytvářet jinou dosedací plochu. Při zabrušování musí kartáče dobře dosedat na smirkové plátno, nesmějí se nadzvedat na hranách ani odskakovat. Místo zabrušování smirkovým plátnem se často používá jemné pemzy (lakýrnické), která se v chodu přitlačuje na komutátor, u velkých strojů střídavě před každou sadou kartáčů. Pemza či prach ze smirkového plátna i z kartáčů se musí po zabroušení dobře vyfoukat ze stroje. Aby se kartáče spolehlivě zaběhaly, nechá se stroj běžet delší dobu při malém proudovém zatížení, neboť chod bez proudu je nepříznivý pro tvorbu

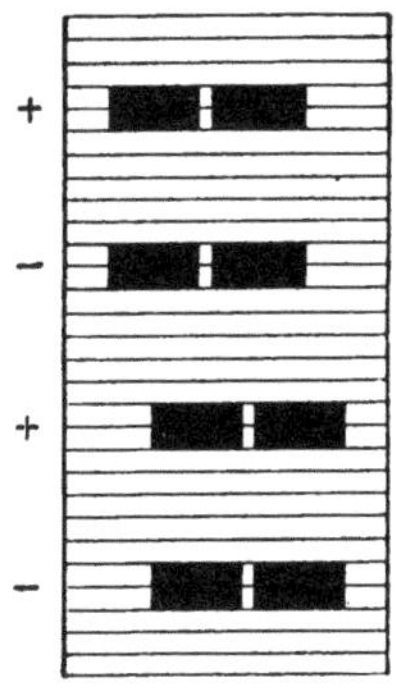

Obr. 72. Rozložení sad kartáčů po obvodu komutátoru

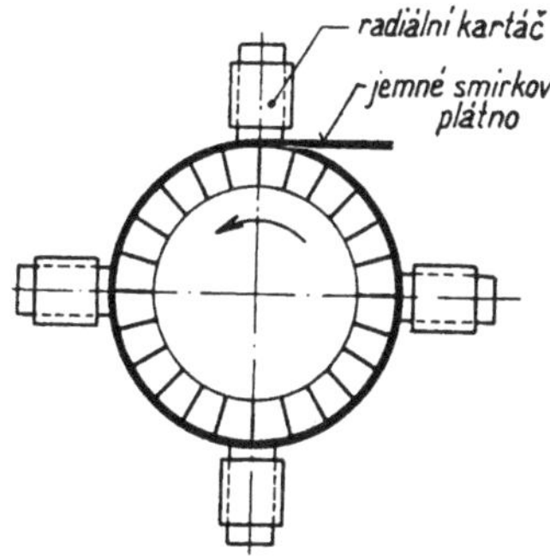

Obr. 73. Zabrušování radiálních kartáčů smirkovým plátnem

politury na komutátoru. Dobře zaběhané kartáče mají styčnou plochu zrcadlově lesklou bez jakýchkoli rysek.

Při hromadné výrobě je výhodné nastavovat držáky kartáčů na sběracím ústrojí (brejlích) a zabrušovat je mimo stroj na pomocném zařízení. Je to kovový válec stejného průměru jako komutátor, přesně rozdělený podle počtu pólů.

Dále pomocí malých *pérových tahoměrů*[1]) (dynamometrů) kontrolujeme tlak, kterým jsou přitlačovány kartáče ke komutátoru (obr. 74). Obyčejně se

[1]) Pérové váhy pro měření tlaku kartáčů dodává n. p. Kablo, Topolčany. Vyrábí je n. p. SVA, Kutná Hora.

předepisuje měrný tlak na cm² dosedací plochy. V praxi se běžně používá měrný tlak

pro n e p o h y b l i v é s t r o j e a pro grafitické a měkké kartáče	125 až 160 g*/cm²
zušlechtěné elektrografitové a tvrdé kartáče	180 až 250 g*/cm²
kovové (měďnografitové) kartáče	160 až 200 g*/cm²
pro p o h y b l i v é s t r o j e (vystavené značným otřesům) a pro	
kartáče dráhových a jeřábových motorů	300 až 400 g*/cm²
kartáče automobilových startérů	až 700 g*/cm²
kartáče universálních motorků	300 až 700 g*/cm²

R e a k č n í k a r t á č e jsou skloněny proti komutátoru pod úhlem 60° (obr. 75), leží pouze jednou svou stěnou na krabičce držáku kartáče a může se jich použít jen pro jeden smysl točení. Kartáč je stále přitlačován vlivem reakce vzniklé sklonem kartáče a třením ve styčné ploše na jednu stěnu krabičky. Následkem toho se kartáč při běhu nechvěje, sedí po celé styčné ploše a přitom má dostatek vůle v krabičce (nepříčí se), takže může rychle sledovat eventuální nerovnosti povrchu komutátoru.

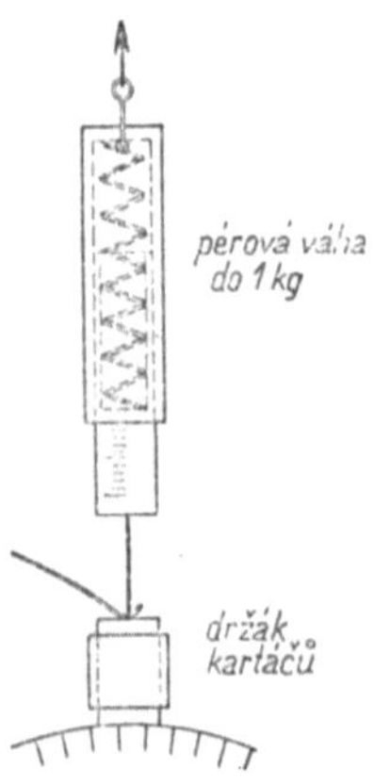

Obr. *74*. Měření tlaku kartáče pérovou váhou

S l í d a m e z i l a m e l a m i má být vyškrabána ocelovou pilkou do hloubky 1,5 až 2 mm a hrany lamel sraženy podle způsobu a) nebo b) na obr. 76.

U strojů nad 500 V se doporučuje zakulatit i čelní hrany lamel po celém obvodu.

Po ukončení všech zkoušek (naprázdno, nakrátko, zatěžovací, oteplovací) se kontroluje stav komutátoru. Jsou-li lamely během komutačních zkoušek popáleny,

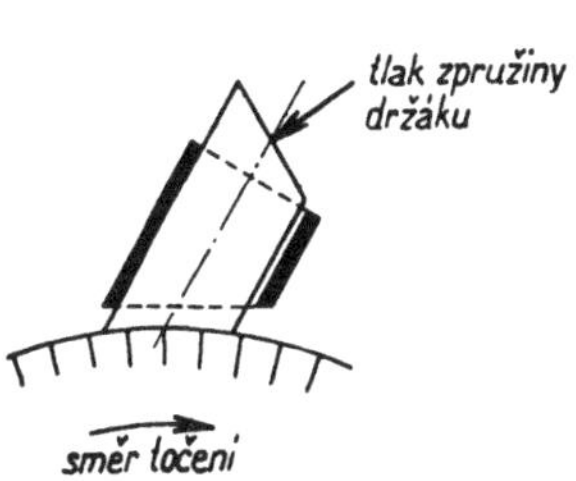

Obr. 75. Reakční držák kartáče

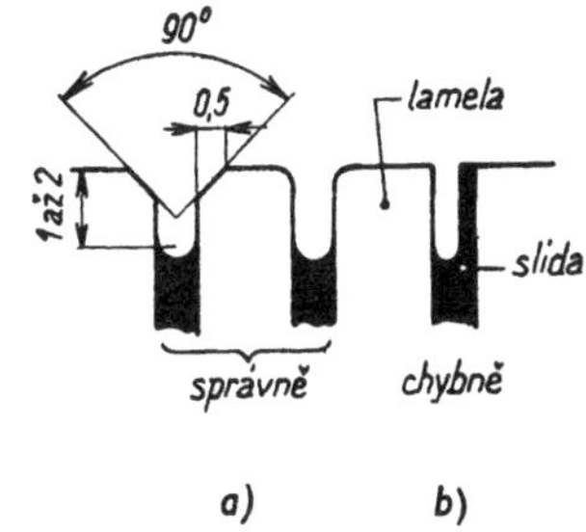

Obr. 76. Vyškrabání slídy mezi lamelami

lze je přebrousit jemnou pemzou. Lesklá hnědá nebo modrá politura na kluzné ploše komutátoru je známkou, že bylo použito správného druhu kartáčů a že jsou kartáče i povrch komutátoru správně zaběhnuty. Tuto polituru vzniklou zamačkáváním rozmělněného materiálu kartáčů do povrchu lamel se nedoporučuje odstraňovat. Matný a šedý komutátor vyžaduje jiný druh kartáčů, černý, ale lesklý, může pracovat dobře dále. Na tvoření politury na styčné ploše má příznivý vliv dostatečný obsah kyslíku a vlhkosti ve vzduchu. V příliš suchém prostředí se politura ničí, kartáče běží neklidně, „tancují", musí se proto jemně přimazávat parafinem nebo voskem, což s sebou přináší řadu potíží. Mechanický chod kartáčů bez proudu je horší než při proudovém zatížení.

36. NASTAVENÍ KARTÁČŮ DO NEUTRÁLNÍ POLOHY

Než se přistoupí k vyšetřování komutace stejnosměrného stroje při zatížení, je třeba nastavit kartáče do t. zv. neutrální polohy, v které dosahuje indukované napětí v kotvě při chodu naprázdno nejvyšší hodnoty a v které je u strojů s komutačními póly nejlepší komutace.

Nastavení neutrální polohy lze provést mnoha způsoby, z nichž se uvádějí tyto:

a) Během výroby, nejlépe již v navijárně, se vyznačí barvou na vinutí kotvy jedna vrchní strana cívky, příslušná peruť (praporek na komutátoru) a lamela. Je-li cívková strana uprostřed pólové rozteče mezi hlavními póly, t. j. leží-li pod komutačním pólem, je označená lamela v neutrální poloze, obvykle uprostřed hlavního pólu. Tohoto způsobu se používá na př. u trakčních motorů, označení se provádí již při vkládání vinutí do drážek kotvy.

b) U strojů, u kterých nelze vinutí kotvy a jeho připojení na komutátor vysledovat, najde se neutrální poloha pokusem na stojícím smontovaném stroji. Tento způsob je založen na poznatku, že v neutrální poloze kartáčů na komutátoru se musí indukované napětí změnou magnetického toku hlavních pólů rovnat nule, protože pouze v této poloze nastává rovnovážný stav všech částí vinutí kotvy proti hlavním pólům. Nastavuje se takto:

Na kartáče se přiloží podle obr. 77 zkušební hroty přívodů k voltmetru (nejlépe s nulou uprostřed) a brejle s kartáči (sběrací ústrojí) se natočí do takové polohy, aby při vypnutí a zapnutí budicího proudu spínačem S bylo indukované napětí kotvy co nejmenší. Směr výchylek voltmetru závisí na tom, na kterou stranu z neutrální polohy jsou kartáče vysunuty. Před začátkem zkoušky nastavíme je přibližně do správné polohy, t. j. doprostřed hlavních pólů. Smysl výchylky voltmetru určíme tak, že kartáče posuneme jedním směrem o malý úhel. Zmenší-li se výchylka a má-li stejný smysl jako předešlá, posunujeme je tímto směrem tak dlouho, až dostaneme nulovou nebo nejmenší výchylku. Při měření je nutno si uvědomit, že při zapnutí dostaneme opačnou výchylku než při vypnutí. Výchylku čteme obyčejně jen při vypínání proudu v budicím obvodu. Velikost proudu nastavíme odporem *R* podle velikosti výchylky voltmetru.

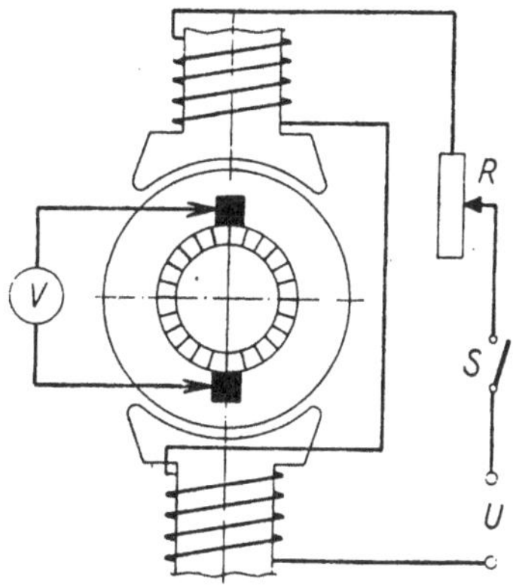

Obr. 77. Nastavení kartáčů do neutrální polohy

Abychom vyloučili vliv polohy kotvy při nastavování neutrální polohy, pootočíme trochu kotvou před každým pokusem. Obyčejně se nepodaří dosáhnout úplně nulové výchylky na voltmetru V. Jednak se tento pokus zprvu provádí obvykle s nezaběhanými kartáči, které nedosedají bezpečně celou plochou, jednak se projeví i vliv drážek kotvy. Kontrolujeme proto ještě po zaběhání kartáčů znovu jejich neutrální polohu právě tak, jako po konečném upevnění brejlí. Jejich konečná poloha se vyznačí barvou nebo vyražením značky.

Tento způsob je dostatečně citlivý, nedbá však vlivu pomocných pólů. Proto se někdy určuje neutrální poloha v běhu při zatížení motoru, má-li pracovat v obou směrech. Nastaví se tak, aby otáčky byly pro oba smysly točení stejné.

c) Jiný způsob: Na vinutí hlavních pólů připojíme zdroj střídavého napětí místo stejnosměrného (obr. 77). Použitý voltmetr V musí být na malé střídavé napětí (na př. Avomet do 1,5 nebo 3 V). Sběrací ústrojí s kartáči natáčíme tak dlouho, až voltmetr ukáže nejmenší výchylku. Proud do vinutí hlavních pólů — magnetů — zůstává při tom trvale zapnut.

P o z n á m k a: U strojů bez pomocných pólů se zlepšuje komutace natočením kartáčů z neutrální polohy: u dynam ve smyslu točení, u motorů proti smyslu točení.

U strojů s pomocnými póly se zlepšuje stabilita chodu malým natočením kartáčů ve smyslu točení. Na př. u motoru s rostoucím zatížením otáčky potom klesají. Vytočením kartáčů proti smyslu točení se stává stroj labilním. Motor s rostoucím zatížením se zrychluje, dynamo zvyšuje napětí.

U strojů pro oba smysly točení musí být kartáče přesně v neutrální poloze a nesmějí být volné v krabičkách držáků.

37. URČENÍ VELIKOSTI REGULAČNÍHO A SPOUŠTĚCÍHO ODPORU

a) Určení velikosti regulačního odporu v o b v o d u m a g n e t ů. Pro změnu budicího proudu I_b a tím i magnetického toku Φ se řadí do budicího obvodu magnetů odpor (reostat) R_b. Jeho velikost volíme podle nejmenšího požadovaného budicího proudu $I_{b\,min}$, který je dán požadovaným nejmenším napětím dynama nebo nejvyššími otáčkami motoru. Budicí proud $I_{b\,min}$ je určen vztahem

$$I_{b\,min} = \frac{U_{bn}}{R_m + R_b}$$

kde U_{bn} je jmenovité napětí budicího obvodu ve voltech,

R_m odpor vinutí magnetů v ohmech.

Z tohoto vztahu vypočteme velikost regulačního odporu R_b

$$R_b = \frac{U_{bn}}{I_{b\,min}} - R_m$$

U motoru nebo dynama s vlastním buzením se napětí budicího obvodu rovná svorkovému (síťovému) napětí U_n.

Odpor R_b volíme tak, aby snesl nejvyšší budicí proud $I_{b\,max} = \frac{U_{bn}}{R_m}$. Zařadí-li se do budicího obvodu v serii několik odporů na různá proudová zatížení, musí se při měření nejprve vyřadit odpor s nejmenším přípustným proudovým zatížením a přitom se musí dobře spojit nakrátko.

Příklad: Derivační dynamo 16 kW, $U_{bn} = 220$ V; 73 A; 1465 ot/min, nejmenší požadovaný budicí proud $I_{b\,min} = 0{,}1$ A, odpor vinutí magnetů $R_m = 170\ \Omega$.

Velikost regulačního odporu

$$R_b = \frac{U_{bn}}{I_{b\,min}} - R_m = \frac{220}{0{,}1} - 170 = 2030\ \Omega$$

Tento regulační odpor musí snést nejvyšší budicí proud

$$I_{b\,max} = \frac{U_{bn}}{R_m} = \frac{220}{170} = 1{,}3\ \text{A}$$

b) Určení spouštěcího odporu R_s motoru. Kdybychom zabrzdili kotvu stojícího stejnosměrného motoru a připojili přímo na síť s jmenovitým napětím U_n, protékal by kotvou proud omezený pouze velikostí odporu kotvy R_a včetně odporu komutačních pólů R_{pp} a kartáčů R_k. Odpor R_a bývá velmi malý, řádově u středních strojů desetina až setina ohmu podle velikosti stroje. Tím by nastal prakticky přímý zkrat v síti a poškození stroje (roztavení spájených míst vinutí a jeho spálení).

Není-li kotva zabrzděna, motor se rychle rozběhne a jeho proud klesá vlivem indukovaného napětí v kotvě, které působí proti napětí sítě.

Příklad: Motor 440 V; 140 A; 600 až 1000 ot/min má odpor $R_a + R_{pp} + R_k = R_c = 0{,}04\ \Omega$. Při přímém zapojení na síť s napětím $U_n = 440$ V protékal by v klidu kotvou proud

$$I_a = \frac{U_n}{R_c} = \frac{440}{0{,}04} = 11\,000 \text{ A}$$

Proud kotvy by byl 78krát větší, než je jmenovitý proud motoru.

Z toho vidíme, že se musí při spouštění stejnosměrného motoru snížit napětí na kotvě vřazením spouštěcího odporu R_s, kterým se omezí proudový náraz, aby proud kotvy I_a nepřekročil jmenovitý proud o více než 50 %. Určí se bez ohledu na odpor R_c ze vzorce

$$R_s = \frac{U_n}{(1 \text{ až } 1{,}5) I_n}$$

Proudové zatížení odporu R_s musí odpovídat nejvyššímu proudu (1 až 1,5) I_n, ovšem se zřetelem na krátkodobé zatížení během spouštění. Proudové zatížení spouštěcího odporu lze zvolit až několikanásobně větší než při trvalém zatížení. Závisí to na počtu spouštění během jedné hodiny a na době trvání rozběhu, která je závislá na momentu setrvačnosti rozbíhaných hmot.

Poznámka: Změnu smyslu točení motorů lze provést buď změnou polarity napětí na kotvě, do jejíhož obvodu počítáme jednou provždy správně zapojené pomocné póly, nebo změnou polarity napětí na hlavních pólech (buzení).

Polaritu napětí dynam s vlastním buzením můžeme měnit jen na stroji v klidu — stojícím — odbuzeném a bez napětí.

U kompaundních motorů musíme při změně smyslu točení změnit též polaritu seriového vinutí. Jinak by měl stroj jiné zatěžovací charakteristiky. Pro jeden smysl točení by přibuzovalo seriové vinutí motor, pro druhý by odbuzovalo (nebezpečí labilního chodu — proběhnutí otáček). Podobně je tomu i u dynam (generátorů).

38. MĚŘENÍ NAPRÁZDNO, REMANENCE, ZVLNĚNÍ NAPĚTÍ

Po kontrole odporů, rozložení kartáčů, neutrální polohy a po důkladném zaběhnutí stroje (ložisek a kartáčů) změří se charakteristika a ztráty naprázdno.

Charakteristika naprázdno je magnetisační křivka stroje při určitých stálých, obvykle jmenovitých otáčkách. Je to tedy závislost napětí naprázdno U_0 (resp. elektromotorické síly E_0) na budicím proudu I_b (obr. 78). Proměřuje se v rozsahu 0 až 120 i 130% U_n. Nelze-li charakteristiku proměřit z jakýchkoliv důvodů při jmenovitých otáčkách n, nebo potřebujeme-li ji znát při jiných otáčkách n_1, lze ji snadno přepočítat. Při stálém budicím proudu I_b je napětí kotvy U_0' přímo úměrné poměru otáček n_1/n.

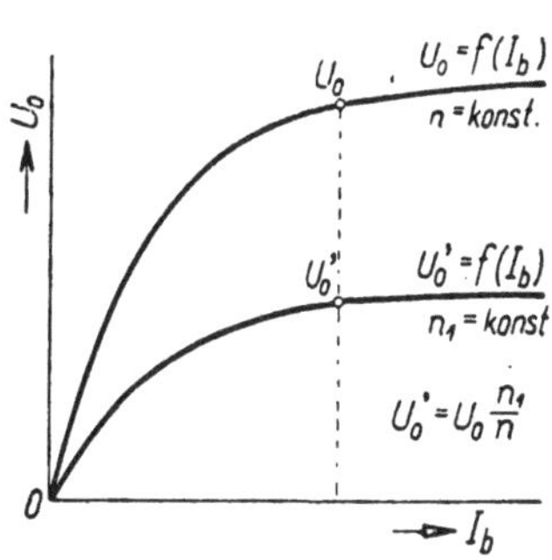

Obr. 78. Charakteristiky naprázdno dynama při různých otáčkách

U strojů s vlastním buzením se zároveň při chodu naprázdno přezkouší správné zapojení derivačního reostatu (regulačního odporu), jeho jemnost odstupňovaní, celkový regulační rozsah, zda se stroj sám nabudí a mají-li kartáče a svorky předepsanou polaritu. U strojů s vlastním buzením závisí polarita kartáčů pouze na směru remanentního (zbytkového) magnetického toku. Lze tedy derivační stroj snadno přepólovat změnou remanence přemagnetováním. Aby se dynamo s vlastním buzením samo nabudilo, musí mít remanentní magnetismus, který vznikne magnetováním hlavních pólů na příklad při měření odporů vinutí magnetů stejnosměrným proudem. Při hromadné výrobě a předepsané polaritě svorek je třeba proto měřit odpor magnetů při odpovídající polaritě.

Regulační rozsah napětí u dynam bývá 80 až 120 % jmenovitého napětí, u budičů od 10 % výše, a to od chodu naprázdno až do přetížení. Vlastní buzení dynam je stabilní jen v té části charakteristiky naprázdno, kde t. zv. přímka napětí odporu budicího obvodu protíná jednoznačně křivku napětí naprázdno U_0. Podmínkou je tedy, aby odpor v budicím obvodu byl vždy menší než t. zv. kritický odpor R_{kr}, který je určen tečnou u charakteristiky naprázdno (obr. 79). Velikost odporu budicího obvodu je

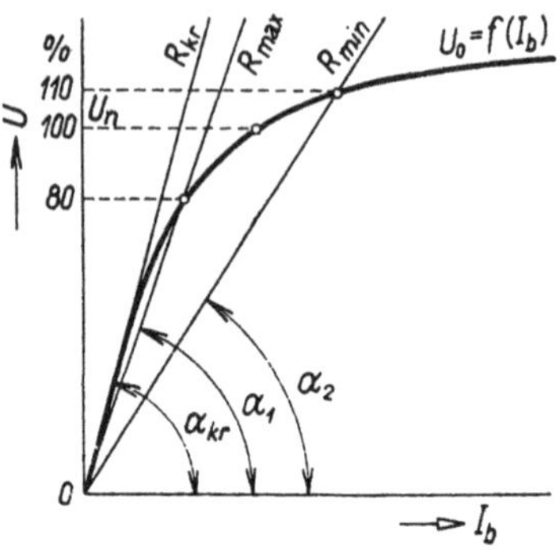

Obr. 79. Kritický odpor R_{kr} v budicím obvodu dynama

$$R_m = \frac{U_0}{I_b} = \operatorname{tg} \alpha$$

Aby byl splněn požadavek stability (jednoznačnosti) napětí u budičů alternátorů, a to v rozsahu 10 až 110 % U_n, je třeba zvláštních úprav a opatření na budiči (zářezy v hlavních pólech, pomocné budicí dynamko a pod.).

Kromě kritického odporu R_{kr} známe **kritické otáčky** n_{kr}, při kterých se dynamo s vlastním buzením a magnety přímo zapojenými na napětí kotvy (bez derivačního reostatu) nenabudí (obr. 80). Odporová přímka magnetů R_{kr} je v tomto případě tečnou k charakteristice naprázdno $U_{okr} = f(I_b)$.

Ztráty naprázdno lze měřit buď v chodu generátorovém nebo motorovém. V prvém případě je zapotřebí pohonného stroje, v druhém běží stroj jako motor, který je nepatrně zatížen proudem naprázdno. Tento proud společně s napětím na kotvě kryje ztráty stroje při chodu naprázdno. Ztráty naprázdno se skládají ze ztrát mechanických a ztrát v železe magnetického obvodu. Pro jejich přesné rozdělení je nutné, aby se mechanické ztráty při měření neměnily. Proto se musí měřit na zaběhaném stroji, kdy jsou ztráty třením v ložiskách i na komutátoru ustálené. Ztráty v železe jsou při stálých otáčkách závislé na napětí, t. j. na buzení I_b.

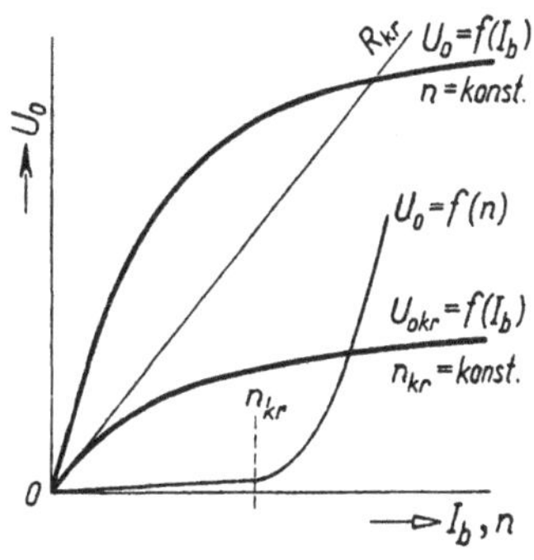

Obr. *80*. Kritické otáčky n_{kr} pro buzení derivačního dynama

a) Schema spojení při měření naprázdno v generátorovém chodu je naznačeno na obr. 81. Zkoušený stroj je poháněn pomocným stejnosměrným nebo asynchronním motorem, jehož výkon je určen ztrátami naprázdno.

Zbytečně velký motor zmenšuje přesnost měření. Na obr. 81 je použito k pohonu stejnosměrného motoru. Při měření udržujeme změnou budicího proudu I'_b pomocného motoru stálé otáčky. Abychom mohli proměřit celou charakteristiku naprázdno, použije se u zkoušeného stroje cizího buzení, ať je to stroj derivační či seriový. U kompaundních dynam se použije pro pohodlnější měření charakteristiky k buzení derivačního vinutí, neboť vyžaduje menší budicí proud. U stroje, který nebyl dosud zmagnetován, získáme při měření t. zv. panenskou magnetisační křivku (obr. 82a). Při dalších měřeních se pohybujeme po některé větvi magnetisační křivky. Měříme proto při postupném zvětšování a zpět při postup-

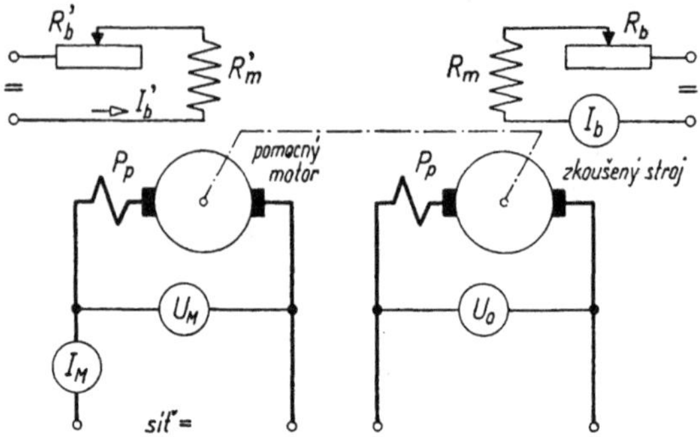

Obr. *81*. Měření naprázdno v generátorovém chodu

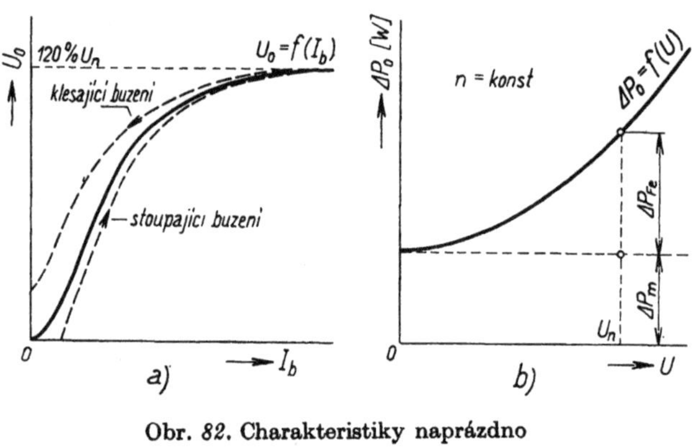

Obr. *82*. Charakteristiky naprázdno

ném zmenšování budicího proudu I_b. Dostaneme tím dvě větve hysteresní smyčky, mezi kterými proložíme křivku (charakteristiku naprázdno).

Zároveň při měření charakteristiky naprázdno se určí ztráty naprázdno ΔP_0. Pro určitý budicí proud I_b a napětí U_0 zkoušeného stroje čteme příkon poháněcího motoru (v našem případě $P_p = U_M I_M$) a ze známé účinnosti η_M poháněcího pomocného motoru nebo jeho ztrát ΔP určíme výkon na hřídeli P_h, který spotřebuje pomocný motor ke krytí ztrát naprázdno ΔP_0 zkoušeného stroje:

$$\Delta P_0 = P_h = P_p \eta_M = P_p - \Delta P$$

Rozdělení ztrát naprázdno na ztráty v železe a mechanické — viz další odstavec b).

P ř í k l a d: Charakteristika naprázdno dynama 16 kW; 220 V; 73 A poháněného pomocným motorem byla změřena při stálých otáčkách $n = 1500$ ot/min:

Napětí dynama U_0 [V]	10	50	100	150	200	220	250
Budicí proud dynama I_b [A] při zvyšování U_0 při snižování U_0	 0 —	 0,14 0,10	 0,31 0,26	 0,49 0,44	 0,72 0,66	 0,85 0,82	 1,22 1,22
Příkon poháněcího motoru P_p [W]	1525	1530	1540	1580	1660	1710	1770
Ztráty motoru ΔP [W]	1000	1000	1000	1000	1000	1000	1000
Ztráty naprázdno dynama ΔP_0 [W]	525	530	540	580	660	710	770

b) Schema spojení v motorovém chodu je na obr. 83. Zkoušený stroj běží jako cize buzený motor naprázdno. Kotva a vinutí pomocných pólů jsou připojeny k síti (zdroj) s proměnlivým stejnosměrným napětím. Při měření udržujeme stálé otáčky tak, že nejprve zvyšujeme napětí U_M, čímž stoupají otáčky n, které však snižujeme na stálou hodnotu zvětšováním budicího proudu I_b. Tento postup nutno zachovat proto, abychom měřili stále stejnou větev magnetisační křivky. Motor je cize buzen proto, aby se dala proměřit celá charakteristika naprázdno až do nejnižšího napětí (asi 10 až 20 % U_n). Při přesnějších měřeních na malých strojích se doporučuje uvažovat úbytek napětí v odporu vinutí kotvy a pomocných pólů $(R_a + R_{pp})I_M$, způsobený proudem naprázdno motoru I_M a úbytek napětí na kartáčích U_k. Napětí naprázdno U_0

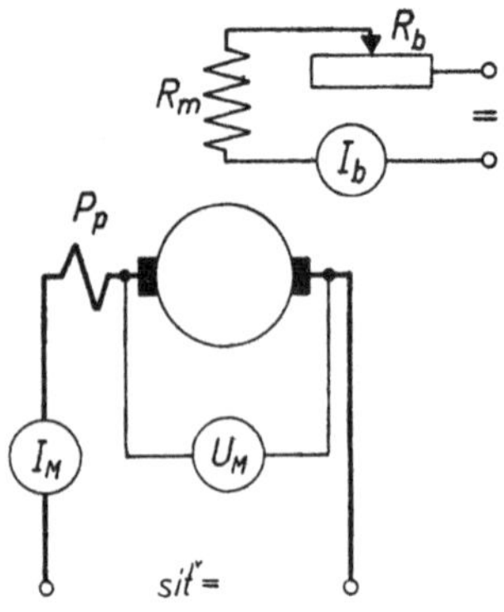

Obr. 83. Měření naprázdno v motorovém chodu

$$U_0 = U_M - (R_a + R_{pp})I_M - U_k$$

Vliv odporu pomocných pólů vyřadíme, připojíme-li voltmetr U_M přímo na kartáče kotvy.

Ztráty naprázdno ΔP_0 se určí z příkonu motoru v chodu naprázdno odečtením ztrát ve vinutí hlavního proudového obvodu, t. j. kotvy, pomocných pólů atd. a přechodem na kartáčích

$$\Delta P_0 = U_M I_M - (R_a + R_{pp})I_M - U_k I_M$$

Rozdělení ztrát naprázdno ΔP_0 na ztráty v železe ΔP_{Fe} a mechanické ΔP_m se provede měřením při stálých otáčkách a proměnném napětí na kotvě a budicím proudu. Příkon při chodu naprázdno se vynese jako funkce napětí U_0 (viz obr. 82b). Prodloužením křivky $\Delta P_0 =$

$= f(U_0)$ k ose Y dostaneme při $U_0 = 0$ mechanické ztráty ΔP_m, při jmenovitém napětí U_n ztráty v železe ΔP_{Fe}. Provedeme-li četná měření při různých otáčkách, můžeme nakreslit křivku mechanických ztrát v závislosti na otáčkách. Měříme-li se všemi kartáči a potom jenom s dvěma nejnutnějšími kartáči, určíme jako rozdíl ztráty třením kartáčů na komutátoru.

Ztráty lze též určit z doběhu (viz Všeobecnou část A odst. 23).

Příklad: Na témž dynamu změřena charakteristika naprázdno při chodu jako motor při $n = 1500$ ot/min = konst.:

Napětí motoru U_M [V]	100	150	200	220	240
Proud motoru I_M [A]	5,4	3,86	3,3	3,22	3,2
Budicí proud I_b [A] při zvyšování U_0	0,3	0,48	0,71	0,85	1,22
Příkon motoru $P = U_M I_M$ [W]	540	580	660	710	770

Odpor vinutí kotvy při 20 °C $R_a = 0,10\ \Omega$, pomocných pólů $R_{pp} = 0,03\ \Omega$, úbytek napětí na kartáčích (obou polarit) $U_k = 2$ V.

Ztráty $(R_a + R_{pp})I_M^2$ jsou v rozmezí 4 až 1,3 W, ztráty $U_k I_M$ v rozmezí 10,8 až 6,4 W, čili celkem 15 až 8 W, t. j. proti měřenému příkonu zanedbatelné.

Zvlnění stejnosměrného napětí. Dynamo nedává zcela klidné napětí jako na př. akumulátor, nýbrž zvlněné (asi 1 % jmenovitého napětí). Vlny napětí mohou rušit telefonní vedení nebo rozhlasový příjem. Zvlnění napětí měříme oscilograficky tak, že proti napětí dynama zapojíme stejně velké napětí akumulátoru. Rozdíl těchto dvou napětí opatrně oscilografujeme. Již malá změna napětí dynama může způsobit spálení smyčky oscilografu.

39. MĚŘENÍ NAKRÁTKO

Charakteristika nakrátko se měří pouze u zvláštních druhů stejnosměrných strojů, na př. u řídicích dynam Leonardových skupin, dynam světlometů, svářeček, strojů se zapojením vinutí podle Rosenberga, Krämera a pod. V tomto případě se měří t. zv. statický, t. j. ustálený proud nakrátko na rozdíl od proudu dynamického (přechodného, zkratového), vzniklého při náhlém zkratu, který se určuje oscilograficky. Zkratový proud může poškodit vinutí, komutátor a kartáče, proto se stroj chrání rychlým vypinačem, který jej odepne od sítě dříve, než proud vzroste na maximální velikost.

Ve spojení nakrátko lze měřit derivační stroje, u velkých strojů je třeba si při tom počínat opatrně vzhledem na nebezpečí samobuzení. U kompaundních strojů se musí odpojit seriové vinutí. Doporučuje se spojovat stroj nakrátko již v klidu, a to přes ochranný vypinač se samočinným proudovým vypínáním. Stroj se může totiž v běhu náhle vybudit sám do velkých proudů, při čemž se může poškodit elektricky i mechanicky na př. přeskokem po obvodu komutátoru, prasknutím rotorové hvězdy a pod.

Při měření postupujeme takto: Zkoušený stroj je spojen s poháněcím motorem. V nenabuzeném stavu se spojí v klidu kotva s pomocnými póly zkoušeného stroje ochranným vypinačem nakrátko. Potom se zvolna roztáčí. Vlivem remanentního napětí vznikne někdy v obvodu kotvy malý proud nakrátko, který nemá být větší než 10 až 20 % jmenovitého proudu a nemá se sám od sebe dále zvětšovat. Jestliže se proud stále zvětšuje, je to způsobeno buď vysunutými kartáči z neutrální polohy nebo příliš silnými pomocnými póly. Nezvětšuje-li se proud nakrátko sám od sebe, je možno přibuzováním magnetů z cizího zdroje zvětšovat proud nakrátko až do jmenovité hodnoty, po případě i do předepsaných špičkových hodnot (u řídicích dynam 2,5 až $3I_n$).

Nakrátko se zkoušejí stroje obvykle jen při vyšetřování komutačních křivek, při náhradní oteplovací zkoušce, nebo jako kontrola provedení spojů vinutí, nikdy ne však pro určení ztrát ve vinutí.

Poznámka: Příliš silné pomocné póly zhoršují stabilitu stroje, je nebezpečí vybuzení ve spojení nakrátko. Slabé pomocné póly zlepšují stabilitu.

40. VYŠETŘENÍ KOMUTACE PŘI ZATÍŽENÍ

Komutace stejnosměrného stroje se kontroluje při jmenovitých otáčkách od chodu naprázdno přes jmenovitý výkon až do předepsaného přetížení proudově o 50 %, u řídicích dynam o 250 až 300 % I_a. U menších a středních strojů vyšetřujeme komutaci při jmenovitém napětí, u větších, nevyhovuje-li výkonově zařízení zkušebny, v chodu nakrátko nebo při sníženém napětí.

Jakost komutace se posuzuje podle jiskření kartáčů. Podle sovětské normy GOST 183-31 a naší připravované normy „Zkoušky točivých strojů" rozeznáváme tyto stupně jiskření:

a) stupeň *1* — tmavá komutace, kartáče jsou bez jisker,

b) stupeň *1¹/₄* — slabé perlení na malé části kartáčů (přibližně u čtvrtiny),

c) stupeň *1¹/₂* — slabé perlení přibližně u poloviny všech kartáčů,

d) stupeň *2* — jiskření na větší části kartáčů (u většiny nebo na všech),

e) stupeň *3* — značné jiskření všech kartáčů, nepřípustné pro trvalý chod stroje (způsobuje opaly).

P e r l e n í je slabé jiskření ve tvaru perliček, jde o nepatrné žhavé částečky bez pohybu, zplynované ve volném prostoru — obvykle na odbíhací hraně kartáče, ne pod ním. Je to t. zv. neškodlivé jiskření obvyklé u stejnosměrných i střídavých komutátorových strojů.

V praxi se dále rozlišují tyto d r u h y j i s k ř e n í:

a) jiskření zelenavé od elektrických obloučků na odbíhací hraně; jsou to obloučky z vytvořivších se plynů,

b) jiskření bílé až slabě červené na odbíhací hraně; jsou to jemné částečky uhlíkového materiálu rozžhavené přerušováním proudu na kartáči,

c) jiskření až prskání, skládající se z hrubších jisker, elektricky rozžhavených částic, vystřelovaných velkou rychlostí vysokým tlakem plynů z dosedací mezery mezi kartáčem a komutátorem; vzniká prudkým zplyněním uvolněných částic uhlíkového materiálu kartáče nebo mědi z komutátoru při přechodu proudu,

d) někdy pozorujeme místní žhavení kartáčů do červena proudovým zatížením, spojené s prskáním,

e) přeskok po obvodu komutátoru, t. zv. kruhový oheň na komutátoru, vzniká vzplanutím částic uhlíků a prachu usazeného mezi lamelami komutátoru při nebezpečně vysokém lamelovém napětí (nad 35 V) nebo při velkém proudovém přetížení při zkratu. Jako ochrana se osvědčilo sražení hran lamel po délce i na hranách po obvodě komutátoru.

Pro všechny jmenovité stavy stroje jsou přípustné stupně jiskření *1*, *1*¹/₄, *1*¹/₂, při kterých komutátor i kartáče zůstávají i po delší době provozu v bezvadném a provozu schopném stavu.

Při stupni jiskření *2* vznikají po delší době provozu opálená místa na komutátoru i kartáčích. Tento stupeň je přípustný jen při krátkodobém přetížení, nárazech a reversacích, t. j. při obracení smyslu točení motorů.

Při stupni jiskření *3* se objevuje při trvalé práci zčernání lamel, vypalování a drobení kartáčů. Je to nebezpečné jiskření přípustné pouze pro krátkodobý provoz a občasnou reversaci při těžkých provozních podmínkách, zůstanou-li při tom kartáče i komutátor v dobrém stavu.

Příčiny jiskření mohou být buď mechanické nebo elektrické.

Mechanické příčiny: Velké chvění stroje, neokrouhlý komutátor a hlavně vystouplé nebo propadlé lamely, špatné rozdělení nebo upevnění kartáčů po obvodu komutátoru, příliš pevné nebo volné vedení kartáčů v držácích, nedostatečný tlak na kartáče, povylezlá slída mezi lamelami komutátoru, špatně volené nebo nezaběhané kartáče, špatně provedené vyrovnávací (ekvipotenciální) spojky, špatné spojení lanka s kartáčem.

Elektrické příčiny: Špatný smysl vinutí pomocných pólů, příliš silné nebo slabé komutační pole, nevhodně zvolené nebo špatně provedené vinutí kotvy nebo nástavců pomocných pólů. Je-li závit nakrátko nebo přerušený vodič ve vinutí kotvy, opalují se značně příslušné lamely komutátoru. Nikdy se nesmí, není-li to výrobcem stroje přímo předepsáno, použít kartáčů různých značek na témž komutátoru. Proud se v tomto případě rozdělí nerovnoměrně, též politura na komutátoru se netvoří správně.

Po odstranění mechanických a po případě hrubých elektrických příčin jiskření je možno přistoupit k vlastnímu stanovení komutace, které záleží v měření křivky napětí pod kartáči nebo přímo změřením pásma komutace bez jiskření.

Vyšetření křivky napětí pod kartáči (obr. 84a). Voltmetrem V měříme rozložení úbytku napětí pod kartáčem na obvodě komutátoru. Podle průběhu můžeme usuzovat na jakost komutace (obr. 84b). Magnetické pole pomocných pólů se upravuje zvětšením nebo zmenšením vzduchové mezery pomocných pólů buď mezi povrchem kotvy a pólem, nebo mezi kostrou a pó-

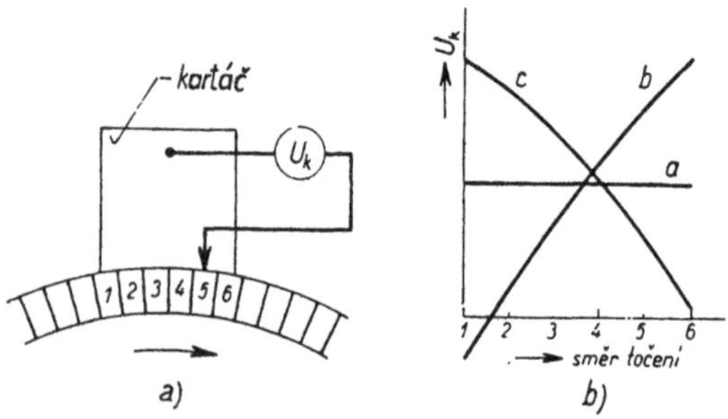

Obr. *84*. Měření napětí pod kartáčem: a) normální přímková komutace, b) značně podkomutováno, c) značně překomutováno, pomocný pól zeslabit

lem, po případě šuntováním odporem (nevyhovuje při rychle proměnlivém zatížení), nebo tlumivkou. Nepomáhají-li tyto úpravy, je nutná kontrola stroje výpočtářem. Má-li se vzduchová mezera zvětšit, nahrazují se železné plechy vložené mezi komutační pól a kostru mosaznými, nebo se vyjmou. A naopak, potřebuje-li se mezera zmenšit, vkládají se železné plechy. Změnou vzduchové mezery poblíž povrchu kotvy se mění tvar a šířka komutačního pole.

V y š e t ř e n í p á s m a k o m u t a c e b e z j i s k ř e n í je dnes nejužívanější způsob. Schema spojení je na obr. 85. Měří se při jmenovitém napětí U_n a otáčkách n. Stroj se zatěžuje až do 1,5 jmenovitého proudu, nebo i výše, je-li větší špičková přetížitelnost, na př.

utěžních, válcovacích nebo dopravních skupin. K vinutí pomocných pólů je paralelně připojeno t. zv. šuntovací dynamo Dš, které protlačuje pomocnými póly proud $I_š$ ve směru nebo proti směru proudu kotvy zkoušeného

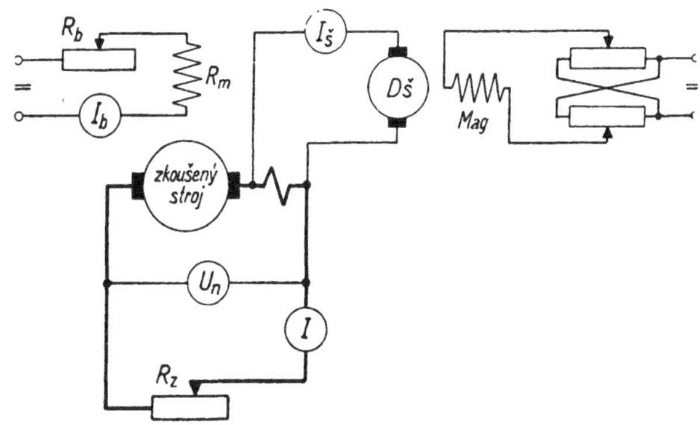

Obr. *85.* Schema pro vyšetření pásma komutace bez jiskření

stroje. Velikost a směr proudu $I_š$ se mění změnou buzení šuntovacího dynama. Tím se magnetické pole pomocných pólů zeslabuje nebo zesiluje.

Při vyšetřování pásma komutace bez jiskření (obr. 86) se měří proud $I_š$, při kterém právě začíná jiskření (stupeň $1^1/_4$ — slabé perlení), a to jeho horní i dolní mez. Proud $I_š$ se vyjádří v % zatěžovacího proudu I a vynese do diagramu jako funkce proudu I. Tím získáme dvě křivky udávající horní a dolní mez chodu bez jiskření. Ploše mezi oběma křivkami říkáme oblast chodu bez jiskření nebo oblast tmavé komutace. Střední čára — osa obou křivek — udává, o kolik procent je třeba pomocné póly zesílit nebo zeslabit. V případě na obr. 86 je třeba zesílit pomocné póly o 5 %.

Na obr. 87 je vyznačen špatný průběh pásma bez jiskření. V př. a) nedosáhne se chodu bez jiskření ani při $^3/_4\ I_n$. Je třeba, aby jednak výpočtář přešetřil tvar pomocných pólových nástavců, druh použitého mate-

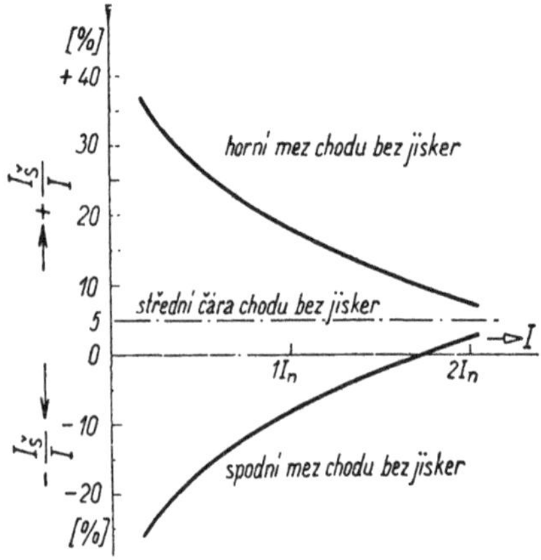

Obr. *86*. Diagram chodu bez jiskření

riálu a druh kartáčů, jednak aby kontrolor překontroloval správnost rozdělení kartáčů, rozteče hlavních a pomocných pólů, velikost a stejnost mezery, zkrátka přesnost výroby.

V př. b) je magnetický obvod pomocných pólů přesycen, proto se střední křivka ohýbá. Je třeba zesílit průřez pomocných pólů.

Popsaným způsobem lze seřídit působení pomocných pólů. Zjištění, zda kartáče jiskří či nikoli, provádí se přímým pozorováním. Záleží tedy přesnost pozorování a měření na zkušenosti technika. Doporučuje se kontrolovat pro určitý zatěžovací proud dvakrát až třikrát šuntovací proud a vypočítat z nich střední hodnotu. Dobré je pro kontrolu celého měření již během zkoušky kreslit naměřené křivky. Poznáme tím ihned, zda je měření správné a zda pozorovatel hlásí správně počátek jiskření. Vyvarujeme se tak pozdějšímu opakování celé zkoušky při pochybných výsledcích a nepřesnostech.

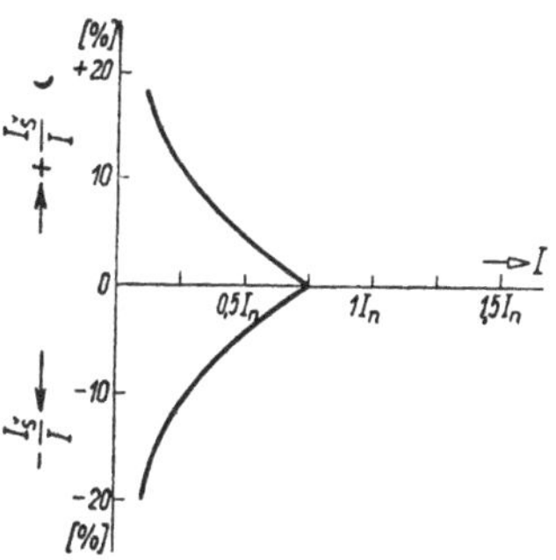

Obr. 87a. Špatný průběh pásma bez jiskření

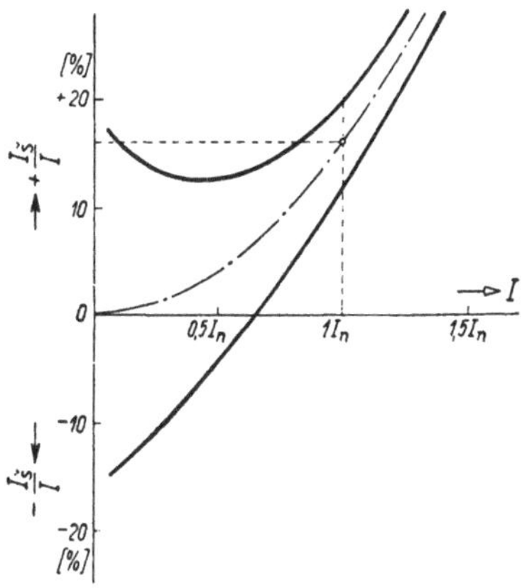

Obr. 87b. Průběh pásma bez jiskření při přesyceném magnetickém obvodu pomocných pólů

Obvyklá šířka pásma bez jiskření při jmenovitém proudu bývá u pomaluběžných strojů do 5 m/s obvodové rychlosti komutátoru 20 až 5 % I_n, u rychloběžných (25 m/s) 5 až 1,5 % I_n. Stejnosměrné stroje pro velké proudové nárazové zatížení musí mít dostatečnou šířku tohoto pásma (1 až 2 %) i při špičkách.

41. ZPŮSOBY ZATĚŽOVÁNÍ A ZATĚŽOVACÍ CHARAKTERISTIKY

Stejnosměrné stroje se zatěžují k určení charakteristik zatěžovacích, výkonnostních, rovněž přetižitelnosti, účinnosti a oteplení buď přímo, rekuperací, t. j. vracením energie zpět do sítě, nebo diferenčním (rozdílovým) způsobem.

Některé příklady:

a) Přímé zatížení trakčních seriových motorů (obr. 88): Jeden z motorů pracuje jako dynamo D s cizím buzením na zatěžovací, na př. vodní odpor *R*. Motory jsou spojeny buď pomocným hřídelem s převodem, nebo pružnou spojkou.

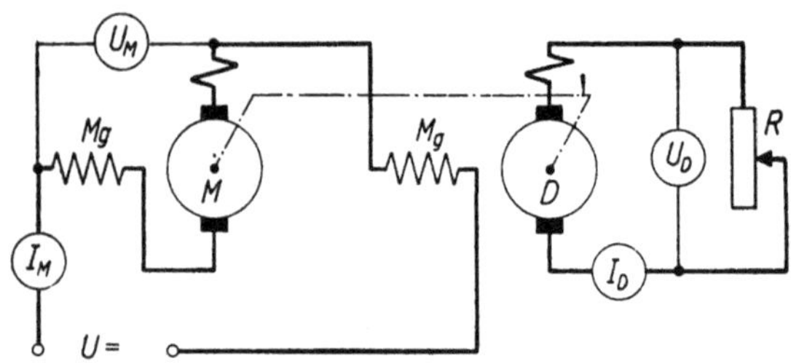

Obr. *88*. Přímé zatížení trakčních seriových motorů

Přímé zatížení derivačního stroje (obr. 89) pomocí stejného stroje, elektrického dynamometru nebo ocejchovaného stejnosměrného stroje, jehož ztráty jsou předem změřeny: Schema spojení je stejné ať se zkouší motor M nebo dynamo D.

b) Rekuperační (úsporné) zatížení je možné na př. vracením vyrobené energie zpět do trojfázové sítě (obr. 90). Zkoušené dynamo D je poháněno trojfázovým motorem AM a zatěžuje se stejnosměrným motorem M pohánějícím trojfázový alternátor A, pracující do sítě.

Obě soustrojí se spustí takto: Nejprve se zapne asynchronní motor AM, dynamo D se nabudí a spustí se motor M naprázdno. Změnou budicího proudu I_{bM} a I_{bA} se přifázuje alternátor A na síť. Napětí a zatížení dynama se reguluje současnou změnou proudu I_{bD} a I_{bM}.

c) D i f e r e n č n í (rozdílové) z a t í ž e n í. V tomto případě dodává síť pouze rozdíl výkonu a příkonu obou

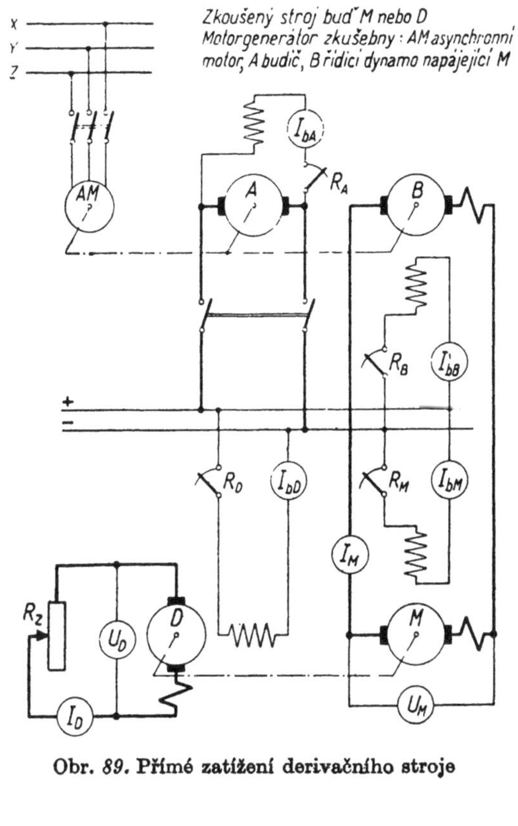

Obr. 89. Přímé zatížení derivačního stroje

strojů, a to buď elektricky (obr. 91) nebo mechanicky (obr. 92).

Při elektrickém krytí ztrát (obr. 91) je stroj běžící jako motor proudově zatížen více než stroj běžící jako dynamo, neboť musí krýt ztráty v obou strojích.

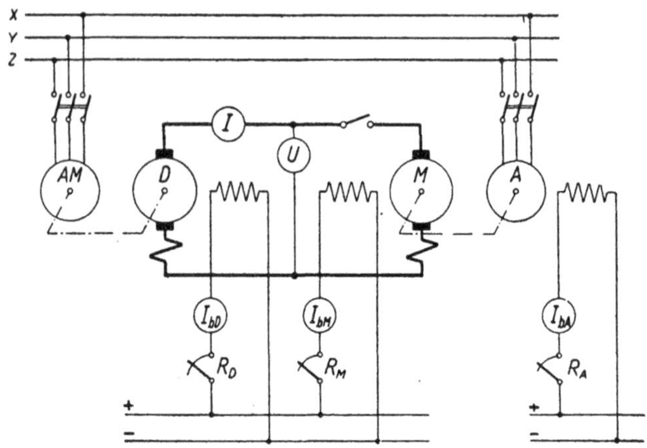

Obr. *90*. Rekuperační zatížení dynama a motoru do střídavé sítě

Soustrojí se spustí takto: Stroj D_1 má pracovat na př. jako motor, D_2 jako dynamo. Dynamo A bude krýt ztráty buzením obou strojů D_1, D_2, kdežto dynamo B bude dodávat ostatní energii ztracenou v obou strojích D_1 a D_2. Před uvedením asynchronního motoru AM do chodu vypne se vypinač V v přívodu ke kotvě D_2. Po spuštění AM se nabudí dynamo A na jmenovité budicí napětí zkoušených strojů D_1, D_2. Budicí proud motoru D_1 nařídíme na jmenovitou hodnotu změnou reostatu R_{D1}. Pak pomalu přibuzujeme dynamo B, motor D_1 se začne rozbíhat. Po dosažení jmenovitých otáček nabudíme dynamo D_2 změnou odporu reostatu R_{D2} až dosáhneme takového napětí, aby voltmetr U připojený na svorky vypinače V ukazoval na nulu. Teprve potom

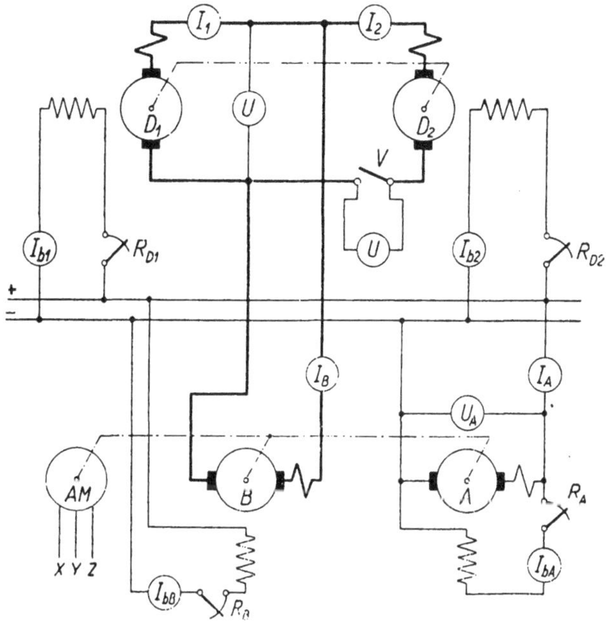

Obr. *91*. Diferenční zatížení při elektrickém krytí ztrát

lze zapnout vypinač V a oba stroje D_1 D_2 běží paralelně. Kdyby se opominula tato kontrola, mohlo by dynamo D_2 mít opačnou polaritu nebo nesprávně velké napětí. Změnou budicího proudu I_{b2} nastavíme velikost zatížení zkoušených strojů, regulací I_{b1} udržujeme stálé jmenovité otáčky a změnou I_{bB} jmenovité napětí obou strojů.

Měření je poměrně zdlouhavé, neboť při každé změně zatížení je nutno kontrolovat otáčky a napětí na svorkách D_1 D_2. Měřicí přístroje čteme při ustálených otáčkách a správném napětí. Ztráty ΔP v obou strojích a ztráty buzením jsou určeny výkonem dynam A, B a jejich velikost se vypočítá ze vztahu

$$\Delta P = UI_B + U_A(I_{b1} + I_{b2})$$

Při mechanickém krytí ztrát (obr. 92) jsou oba stroje v kotvě stejně proudově zatíženy, neboť jimi

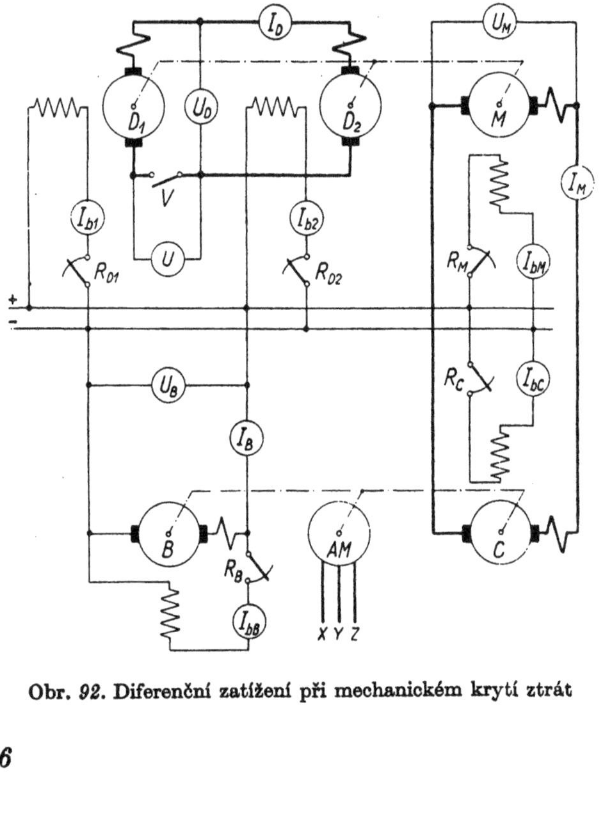

Obr. *92*. Diferenční zatížení při mechanickém krytí ztrát

protéká stejný zatěžovací proud. Budicí proud motoru je však menší než budicí proud dynama. Na př. stroj D_1 má pracovat jako motor, D_2 jako dynamo. Ztráty obou strojů D_1 D_2 bude krýt mechanicky na hřídeli motor M, kromě ztrát buzením, které bude krýt budič B.

Před spuštěním asynchronního motoru AM musí být rozepnut spinač V v obvodu kotev D_1 D_2. Po spuštění AM nabudíme budič B na jmenovité napětí hlavních pólů (magnetů) D_1, D_2, M, pak tyto hlavní póly plně nabudíme přes reostaty R_{D1}, R_{D2}, R_M. Postupným nabuzováním dynama C rozbíháme motor M na jmenovité otáčky zkoušených strojů D_1, D_2. Oba stroje D_1, D_2 sepneme tehdy, když jejich napětí na kotvě mají stejnou polaritu a stejnou velikost, t. j. voltmetr ukáže napětí $U = 0$. Změnou buzení I_{b1} a I_{b2} nastavujeme velikost zatížení zkoušených strojů tak, aby $U_D = U_n$ (jmenovitému napětí).

U některých strojů pro zvláštní pohony (těžná a válcovací zařízení, pohony obráběcích a jiných strojů) je třeba ve zkušebně napodobit provozní poměry na př. u těžkých rozběhů použitím náhradních setrvačných hmot, aby se mohly stroje vyzkoušet za pracovních podmínek.

Zatěžovací charakteristiky. Ověřujeme jimi stabilitu chodu, regulační vlastnosti, přetižitelnost, moment a průběh účinnosti.

a) U dynam měříme na př.:

Závislost napětí U dynama na budicím proudu I_b při n = konst, I = konst (na př. při 0,5 I_n a I_n), s cizím buzením nebo s vlastním buzením; rozdíl mezi nimi je pouze u malých strojů do 5 až 10 kW (obr. 93a).

Závislost napětí U dynama na zatěžovacím proudu od 0,1 do 1,25 I_n při n = konst, I_b = konst při cizím buzení nebo při nezměněné poloze reostatu v obvodu vlastního buzení, nastaveném pro $U_0 = U_n$ (obr. 93b) čili t. zv. vnější zatěžovací charakteristiku, I_k je proud nakrátko.

Závislost napětí U dynama pracujícího jako budič při zatížení na stálý odpor R_z rovný odporu vinutí rotoru alternátoru při kontrole t. zv. regulační křivky budiče na stálost napětí a jemnosti odstupňování derivačního reostatu budiče — obr. 93c.

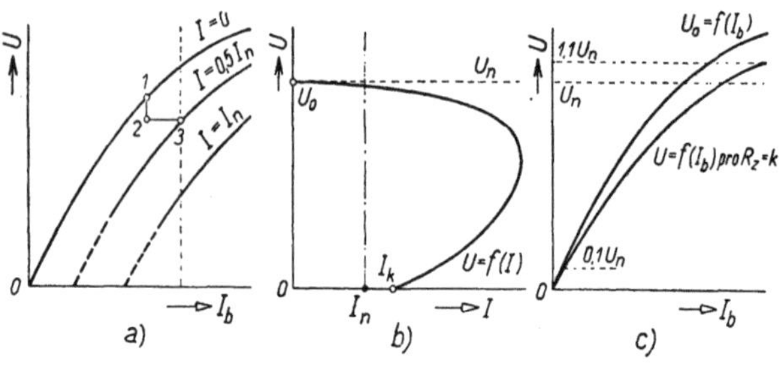

Obr. *93*. Zatěžovací charakteristiky dynam

Pokles — úbytek — napětí při zatížení je způsoben ohmickým úbytkem $\overline{12}$ ve vinutí kotvy, pomocných pólů a kompaundace a úbytkem $\overline{23}$ vlivem reakce vinutí kotvy (obr. 93a). Kotva stejnosměrného stroje, jíž protéká proud, má magnetující nebo demagnetující účinek na pole hlavních pólů. Tento účinek nazýváme reakcí kotvy. U kompensovaných strojů je reakce vinutí kotvy vykompensována, $\overline{23}$ se rovná téměř nule. Kompaundním vinutím lze vyloučit ohmický úbytek $\overline{12}$ nebo jej naopak zvětšit (měkký stroj).

b) U motorů derivačních a seriových, po případě i se smíšeným buzením (kompaundních), měříme při stálém napětí U_n závislost otáček n na proudu I kotvy při zatěžování od 0,1 až do $1{,}5 I_n$ (obr. 94), čili otáčkové charakteristiky. U strojů reversačních pro oba směry točení měříme též v obou směrech. Pracuje-li stroj při různých rychlostech, zatěžujeme ho při nejnižších, středních

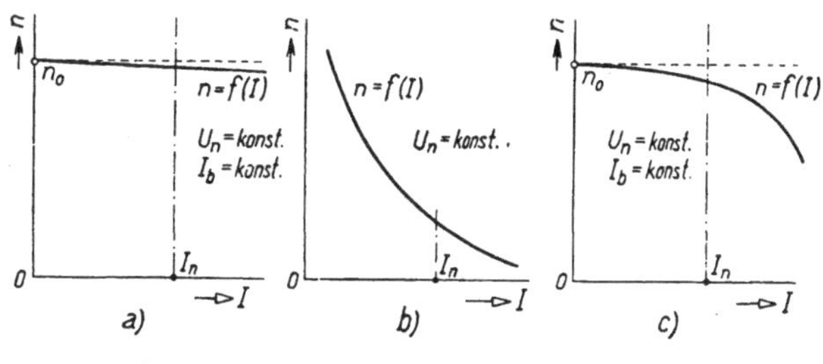

Obr. *94*. Zatěžovací charakteristiky motorů

a nejvyšších otáčkách. Dostaneme t. zv. regulační charakteristiky. Při nejvyšších otáčkách dosažených odbuzením, může nastat labilní stav a s rostoucím zatížením nebezpečí proběhnutí způsobené dalším odbuzováním reakcí kotvy.

c) U všech strojů vynášíme někdy do jednoho diagramu závislost účinnosti, momentu, příkonu a výkonu na proudu I kotvy při zatížení. Měříme obvykle při $^1/_4$, $^1/_2$, $^3/_4$, 1 a $1^1/_4$ jmenovitého zatížení, u válcovacích a těžních motorů až do špiček 2,5 I_n po případě i více.

P o z n á m k a: U stejnosměrných strojů mohou vzniknout ložiskové proudy unipolární indukcí od magnetomotorické síly vodičů spojujících po obvodě statoru vinutí komutačních pólů, vinutí kompensační a kompaundní. Ale jen v tom případě, že účinek není vyrovnaný, takže se vytváří závit magnetující hřídel.

Podmínkou dobrého paralelního chodu dvou dynam je:

a) shodná polarita napětí obou dynam před sepnutím,
b) shodné napětí obou dynam před sepnutím,
c) shodná napěťová zatěžovací charakteristika obou dynam,
d) shodná otáčková charakteristika poháněcích strojů.

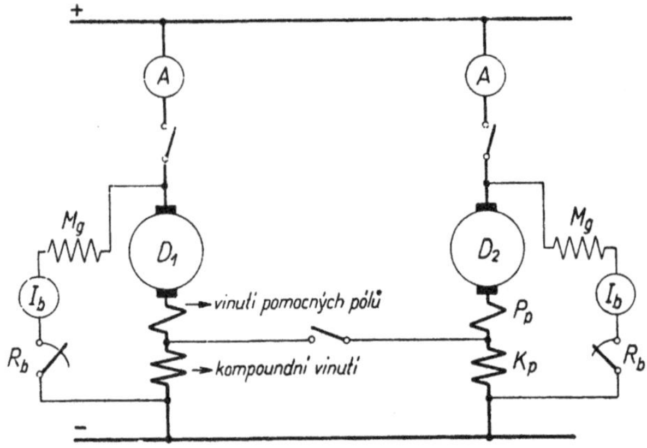

Obr. *95*. Paralelní chod dynam

Připojíme-li dynamo paralelně k druhému, zatížíme toto dynamo opatrným zvyšováním buzení.

Rovnoměrného rozdělení proudových nárazů při zatížení dosáhneme zapojením vyrovnávací spojky mezi kompaundními vinutími obou dynam (obr. 95). Ampérmetry A, kterými kontrolujeme zatížení jednotlivých strojů, musí být zapojeny v těch přívodech od kartáčů kotvy k sběrnicím sítě, kde není zapojena vyrovnávací spojka.

43. ZTRÁTY A ÚČINNOST

Způsoby určení ztrát a účinnosti jsou probrány ve Všeobecné části A odst. 21, kde jsou i uvedeny jednotlivé druhy ztrát a jejich určení. Pro stejnosměrné stroje to jsou:

mechanické ztráty ΔP_m,

ztráty v železe ΔP_{Fe},

ztráty ve vinutí hlavního proudového obvodu ΔP_{Cu}, t. j. ve vinutí kotvy, pomocných pólů, kompensačního a seriového vinutí,

ztráty přechodem na kartáčích ΔP_k,

ztráty dodatečné (přídavné) ΔP_d,

ztráty v budicím obvodu ΔP_b, t. j. ve vinutí hlavních pólů a v reostatu buzení.

Ztráty mechanické a v železe určujeme z měření naprázdno (viz odst. 38). Ztráty ve vinutí hlavního proudového obvodu určíme ze změřených odporů jednotlivých vinutí, přepočtených na teplotu 75 °C ($R_{75} = 1,22R_{20}$)

$$\Delta P_{Cu} = (R_a + R_{pp} + R_{kp} + \ldots)I^2$$

Ztráty na kartáčích (viz odst. 21) na jednom komutátoru vypočteme:

$\Delta P_k = 2\ I$ [W] u grafitových kartáčů,

$\Delta P_k = 0,6\ I$ [W] u měďnografitových kartáčů.

Ztráty dodatečné ΔP_d odhadujeme 0,5 až 1 % z příkonu, podle toho, zda má stroj pomocné póly či kompensaci (nižší hodnoty) nebo ne. Na př. pro 1 % dodatečných ztrát z příkonu bude

$$\Delta P_d = 0,01UI$$

Ztráty v budicím obvodu ΔP_b a ztráty v předřazeném reostatu určíme jako součin budicího proudu a napětí budicího obvodu; u derivačních strojů je napětím budicího obvodu jmenovité napětí stroje $U_n = U_b$; $\Delta P_b = U_b I_b$. Seriové stroje nemají reostat v obvodu buzení a ztráty ΔP_b zahrnujeme do ztrát ΔP_{Cu} hlavního obvodu, neboť vinutím hlavních pólů protéká týž proud jako kotvou.

Účinnost dynama z jednotlivých ztrát pro plné jmenovité zatížení určíme takto:

$$\eta = \frac{U_n I_n}{U_n I_n + \Delta P} 100 \qquad [\%]$$

kde $\Delta P = \Delta P_m + \Delta P_{Fe} + \Delta P_{Cu} + \Delta P_k + \Delta P_d + \Delta P_b$

Při částečném zatížení zůstávají ztráty ΔP_m; ΔP_{Fe}; ΔP_b stálé, kdežto ztráty ΔP_{Cu}; ΔP_k; ΔP_d se mění s výkonem (proudem).

Podobně bude účinnost motoru

$$\eta = \frac{U_n I_n - \Delta P}{U_n I_n} 100 \qquad [\%]$$

Tento způsob stanovení účinnosti nepřímou methodou z jednotlivých ztrát je nejobvyklejší pro určení zaručených hodnot.

Určení účinnosti brzděním je možné provést jen u menších strojů.

Účinnost lze též stanovit zjednodušenou methodou jako střední účinnost dvou stejných strojů při přímém zatěžování proti sobě. Užívá se jí obvykle u trakčních nebo jeřábových motorů a účinnost se vypočte ze vzorce

$$\eta = \sqrt{\frac{P_G}{P_M}}\, 100 \qquad [\%]$$

kde P_G je výkon dynama, P_M příkon motoru.

Příklad: Na dynamu 16 kW; 220 V; 73 A; 1465 ot/min; buzení 0,9 A, změřeny $\Delta P_m = 525$ W; $\Delta P_{Fe} = 140$ W; $\Delta P_{Cu} = 1{,}22 . 0{,}13 . 73^2 = 850$ W při 75 °C; $\Delta P_k = 2 . 73 = 146$ W; $\Delta P_b = UI_b = 220 . 0{,}9 = 198$ W. Odhadnuty ztráty dodatečné $\Delta P_b = 160$ W, t. j. 1 % z výkonu 16 kW. Účinnost dynama pro plné jmenovité zatížení 16 kW se vypočte ze součtu jednotlivých ztrát:

$$\Delta P = 525 + 140 + 850 + 146 + 198 + 160 = 2019 \text{ W},$$

účinnost

$$\eta = \frac{16\,000}{16\,000 + 2019} \cdot 100 = 88{,}9\ \%$$

Pro čtvrtinové zatížení 4 kW bude součet jednotlivých ztrát

$$\Delta P = 525 + 140 + 53 + 36 + 198 + 40 = 992 \text{ W}$$

a účinnost

$$\eta = \frac{4000}{4000 + 992} \cdot 100 = 80{,}1\ \%$$

44. OTEPLOVACÍ ZKOUŠKA

Všeobecné pokyny pro provedení oteplovací zkoušky při trvalém běhu stejnosměrného stroje jsou uvedeny ve všeobecné části A, odst. 22. Menší a střední stroje oteplujeme jmenovitým proudem a napětím. Velké stroje, jak bylo již uvedeno, zatěžujeme buď v úsporném spojení, anebo děláme náhradní oteplení při sníženém napětí a jmenovitém proudu. Další možnost je oteplovat stroj v chodu nakrátko při jmenovitém proudu, potom v chodu naprázdno při jmenovitém napětí. Výsledné oteplení je dáno součtem dílčích oteplení v obou případech. Je vždy vyšší než skutečné.

Při oteplování je nutno kontrolovat kromě oteplení vinutí, magnetického obvodu, komutátoru, kartáčů, výfukového vzduchu též oteplení rotoru a bandáží, v kterých se mohou v určitých případech rozptylovými toky indukovat silné vířivé proudy. Ty mohou porušit spájená místa bandáží.

45. ISOLAČNÍ ZKOUŠKA

Tyto zkoušky jsou popsány ve všeobecné části A, odst. 19. Jsou to:

zkouška zkušebním napětím z cizího zdroje,

zkouška zvýšeným indukovaným napětím při chodu naprázdno,

kontrola isolačního odporu.

Obvykle se zkouší celý obvod hlavního proudu (kotva, sběrací ústrojí, vinutí pomocných pólů, kompaundace a kompensace) proti kostře a vinutí obvodu hlavních pólů (buzení) spojené s kostrou. Potom se zkouší vinutí obvodu hlavních pólů proti vinutí obvodu hlavního proudu spojené s uzemněnou kostrou.

Zkoušky elektrickým rázem u točivých strojů nejsou normami předepsány.

46. SEZNAM BĚŽNÝCH (KUSOVÝCH) A TYPOVÝCH ZKOUŠEK

Typové zkoušky na novém prototypu stejnosměrných strojů:

*) Měření isolačních odporů vinutí.

*) Měření činných odporů všech vinutí za studena.

*) Kontrola správnosti spojení vinutí.

*) Zkouška mechanické pevnosti kotvy zvýšenými otáčkami.

*) Zkouška elektrické pevnosti všech vinutí napětím z cizího zdroje.

*) Zkouška závitové isolace zvýšeným indukovaným napětím.

Zkouška komutace při krátkodobém přetížení proudem.

*) Měření charakteristiky a ztrát naprázdno.

Měření charakteristik při zatížení u strojů do 100 kW.

Zkouška oteplení.

Určení pásma chodu bez jiskření a kontrola komutace.

Mimo tyto typové zkoušky se dělají další vývojové zkoušky, na př. měření indukčnosti a časových konstant vinutí, rychlosti nabuzování budičů, hluku, vlnivosti napětí, dělení ztrát v železe, chlazení, určení momentu setrvačnosti, opotřebení kartáčů a komutátoru a jiné zkoušky.

Běžné kusové (kontrolní) zkoušky jsou v hořejším seznamu označeny hvězdičkou. Výsledky měření se zanášejí do opisu zkušebního protokolu, který dostane objednatel.

47. STROJE PRO ELEKTRICKOU DOPRAVU

Zkoušení elektrických dráhových čili trakčních strojů podle předpisů ESČ 1950 část XV — Elektrická vozba, vyžaduje jejich důkladnou znalost. Patří sem elektrické trakční stroje pro hnací vozidla závislé (trolejové) a nezávislé (na př. dieselelektrické) vozby na kolejích a silnicích, počítaje v to pomocné elektrické stroje pro pohon příslušných kompresorů, ventilátorů a nabíjecích dynam.

Toto zkoušení je probráno v knížce Frant. Jansy: „Zkoušení elektrických dráhových strojů", vydané r. 1952 Technicko-vědeckým vydavatelstvím v Praze (str. 96).

48. PROHLÍDKA STROJE PŘED ODESLÁNÍM

Při předávání stroje odběrateli nebo před předáním výpravně se ověřuje úplnost (kompletnost) dodávky a správnost vnějšího provedení i s příslušenstvím. Přitom jsou směrodatné sjednané technické podmínky a normy, po případě schválený rozměrový náčrtek.

Příslušenstvím může být řemenice a napínací saně, spojka, základní rám, derivační reostat, spouštěč, jistič či spinač, po případě celé skupiny strojů. Kontrolují se:

a) hlavní rozměry, otvory pro upínací šrouby a výška osy se zřetelem na vyměnitelnost, je-li žádána, rozměry volného konce hřídele i s klínem, zajištění či dotažení všech šroubů,

b) označení neutrální polohy sběracího ústrojí a smyslu točení, označení svorek na svorkovnici a uzemňovacího šroubu,

c) údaje na výkonnostním štítku, zda je do svorkovnice vlepeno vnitřní schema všech vinutí stroje s označením svorek, u skupin (soustrojí) musí být skupinový štítek,

d) provedení nátěru stroje podle normy ČSN ESČ 78 nebo zvláštních požadavků objednatele (export),

e) zda nekape olej z olejoznaků ložisek,

f) náhradní součásti, jsou-li objednány, jako na př. kartáče, držáky kartáčů, náhradní kotva a vinutí, mazací tuk či olej pro ložiska a podobně,

g) zda je přiložen návod na obsluhu a ostatní předepsaná dokumentace počítaje v to opis zkušebního protokolu,

h) správnost konservace holých částí a celkové zabalení.

LITERATURA K ČÁSTI B

a) Knihy

BAŠTA J. a kolektiv: Měření na elektrických strojích, SNTL Praha 1955, Učební texty vysokých škol.

— Zkoušení elektrických strojů, Publikace MEZ — Vývojový závod Brno, 1951 (pouze pro vnitřní potřebu).

ŽERVE K. G.: Zkoušení elektrických strojů v průmyslu, SNTL Praha 1954.

JANSA FR.: Zkoušení elektrických dráhových strojů, TVV Praha 1952.

ROCHOVANSKÝ O., HAJDAJ N.: Malá dynama a elektromotorky pro stejnosměrný a střídavý proud, ROH-Práce, Praha 1955, 125 str., 110 obr.

Technický průvodce, Elektrotechnika, IV. část: Měření stejnosměrných strojů, str. 296 až 305, ČMT 1934.

KUBÍN, FECHTNER: Elektrotechnika pro řidiče, Naše vojsko, 1954, Malá knižnice motorismu, 208 str., 181 obr.

CIGÁNEK L., BAUER M.: Elektrické stroje a přístroje, SNTL 1955, 636 str., 625 obr., 7 tab.

b) Časopisecká

BRAND I.: Provozní vlastnosti stejnosměrných strojů s pomocnými póly, El 1955, č. 2, str. 50 až 57.

— Závislost momentu na velikosti proudu u seriového motoru, EO 1941, str. 205, referát.

BRAND I.: Určování polarity vinutí stejnosměrných strojů, EO 1955, č. 2, str. 72 až 77.

KLÍMA V.: Pozor na tak zvané půlzávity u stejnosměrných strojů, EO 1951, VZ 4.

KULDA V.: Měření vlnivosti tepajících stejnosměrných proudů a napětí, EO 1934, str. 284.

FURTÁK F., KULDA V.: Vyšetřování komutace stejnosměrných strojů mezních výkonů.
Technické zprávy Škodových závodů, č. 1 a 2, 1938, nebo Slavnostní list ESČ 1938, Přednášky str. 233.

HAŇKA L.: Zkoušení komutace stejnosměrných strojů, El 1946, str. 71 až 72.

TUMA J.: Komutace stejnosměrných strojů, EO 1954, str. 659, referát o sovětské knize.

KRAEMER J.: Zařízení pro samočinné odbuzení stejnosměrných strojů při přeskoku na komutátoru, El 1954, str. 189 až 190.

KULDA V.: Přídavné ztráty stejnosměrných strojů, EO 1935, str. 208.

KALAŠ V.: Meranie indukčnosti kotvových obvodov jednosmerných strojov frekvenčnou metódou. Strojnícko elektrotechnický časopis, Bratislava, roč. I, č. 4, str. 223.

MARKOV J.: Měření teploty vinutí kotvy dynama, El 1953, str. 47, referát.

JANSA F.: Zkoušení elektrických dráhových strojů, EO 1950, str. 449 až 467.

BÍLEK J.: Směrnice pro pomocné stroje na vozidlech. Technické podmínky zkoušek, EO 1951, str. 333, příloha T 67 až 70.

JANSA F.: Zkoušení elektrických dráhových strojů, EO 1951, str. 253 až 255.
HOLAN J.: Přechodné jevy u stejnosměrných strojů, EO 1955, str. 601.
K. (referát Električestvo 1953): Momentová charakteristika derivačních motorů malého výkonu, EO 1955, str. 207.
SEQUENS J.: Význam filmu na povrchu komutátoru pro bezpečnost provozu, EO 1956, str. 376 až 377.

c) Normy

ČSN 35 0820: Kartáče elektrických strojů.
ČSN 35 0821: Rozměry kartáčů elektrických strojů.
ČSN 35 0822: Uhlografitové kartáče elektrických strojů.
ČSN 35 0823: Grafitové kartáče elektrických strojů.
ČSN 35 0824: Měďnografitové kartáče elektrických strojů.
ČSN 35 0845: Komutátory — Názvosloví.
ČSN ESČ 218-1949: Obsluha stejnosměrných strojů.
ČSN ESČ 50-1925: Odporové spouštěče.
ČSN ESČ 279-1950: Odporníky pro silová zařízení.
ČSN 35 0060: Motorky.
ČSN 35 1320: Obloukové svářečky.
ČSN 35 0100: Stejnosměrné stroje.

Ing. Vojtěch Kulda st. — Ing. Vojtěch Kulda ml.

ZKOUŠENÍ ELEKTRICKÝCH STROJŮ
I

DT 621.313.001.4
Obálku navrhl Stanislav Odvárko
Grafická úprava a technická redakce Marie Králová
Vydalo Státní nakladatelství technické literatury, n. p.,
Spálená 51, Praha II
v listopadu 1956 jako svou 2282. publikaci, typové číslo L25c-B1-3-I
v řadě elektrotechnické literatury
200 stran, 95 obrázků, 12 tabulek

*

Odpovědný redaktor Ing. Dr Jiří Sequens
Jazyková úprava Olga Klimentová
Tiskové korektury Marta Dufková

*

Z nové sazby písmem Extended vytiskly Pražské tiskárny, n. p.
provozovna 04, Praha-Vršovice, Sámova 12
Formát papíru 70 × 100 cm — 9,54 AA, 9,82 VA — 301 05 34
38 869/55/SV3 — D 56641
Sazba: 31. 5. 1956, tisk: 6. 11. 1956 — 3200 výtisků — Vydání první

*

Cena brožovaného výtisku Kčs 4,91
56/III-6(B1)

*

Publikace je určena montérům ve zkušebnách, opravářům a údržbářům elektrických zařízení a posluchačům odborných škol jako pomůcka při cvičeních